山东社会科学院出版资助项目

2021年度青岛市社会科学规划研究项目“海洋科技创新驱动海洋经济高质量发展研究”（项目批准号：QDSKL2101374）

海洋科技创新驱动海洋经济高质量发展研究

吴梵 著

中国社会科学出版社

图书在版编目（CIP）数据

海洋科技创新驱动海洋经济高质量发展研究/吴梵著.
—北京：中国社会科学出版社，2021.11
ISBN 978-7-5203-9200-6

Ⅰ.①海… Ⅱ.①吴… Ⅲ.①海洋经济—经济发展—研究
—中国 Ⅳ.①P74

中国版本图书馆CIP数据核字(2021)第187670号

出 版 人 赵剑英
责任编辑 李庆红
责任校对 赵雪姣
责任印制 王 超

出 版 中国社会科学出版社
社 址 北京鼓楼西大街甲158号
邮 编 100720
网 址 http://www.csspw.cn
发 行 部 010-84083685
门 市 部 010-84029450
经 销 新华书店及其他书店

印 刷 北京君升印刷有限公司
装 订 廊坊市广阳区广增装订厂
版 次 2021年11月第1版
印 次 2021年11月第1次印刷

开 本 710×1000 1/16
印 张 12.75
插 页 2
字 数 181千字
定 价 69.00元

目　录

第一章　绪论

第一节　研究背景与意义

一　研究背景

习近平总书记在参加十三届全国人民代表大会时指出："海洋是高质量发展战略要地。要加快建设世界一流的海洋港口、完善的现代海洋产业体系、绿色可持续的海洋生态环境，为海洋强国建设作出贡献。"[①] 我们要深入贯彻落实习近平总书记经略海洋、建设海洋强国的重要指示要求，加快海洋经济高质量发展。海洋是生命的摇篮、资源的宝库，也是人类赖以生存的"第二疆土"和"蓝色粮仓"，是世界各国推动经济社会发展、参与国际竞争的战略要地。20 世纪 60 年代以来，世界经济趋海发展态势日益明显，产业布局从内陆向沿海加速推进。

习近平总书记指出："海洋在国家经济发展格局和对外开放中的作用更加重要，在维护国家主权、安全、发展利益中的地位更加突出，在国家生态文明建设中的角色更加显著，在国际政治、经济、军事、科技竞争中的战略地位也明显上升。""我们要着眼于中国特色社会主义事业发展全局，统筹国内国际两个大局、坚持陆海

---

① 习近平：《在第十三届全国人民代表大会第一次会议上的讲话》，人民出版社 2018 年版。

统筹，坚持走依海富国、以海强国、人海和谐、合作共赢的发展道路，通过和平、发展、合作、共赢方式，扎实推进海洋强国建设。”习近平总书记关于海洋强国的重要论述，深刻揭示了海洋在我国统筹推进“五位一体”总体布局，协调推进“四个全面”战略布局、实现“两个一百年”奋斗目标、深度参与全球海洋事业发展和全球海洋治理中的重要战略地位和独特作用。目前，我国沿海地区以13%的国土面积，承载了40%以上的人口，创造了约60%的国内生产总值，实现了90%以上的进出口贸易。环渤海地区、长三角地区、珠三角地区等凭借海洋经济优势不断焕发新的活力，海洋已成为陆海内外联动、东西双向互济开放格局中的战略要地。我们越来越强烈地认识到，海洋对实现国家高质量发展的重要作用。

“贯彻新发展理念”在党的十九大被提出，建设现代化经济体制势在必行，是我国未来的发展目标，且在此基础上才能真正建立现代化强国。我国未来发展需要明确这一目标，一步一个脚印完成未来的使命，立足于实践，紧抓主要矛盾，实现完全转换，满足客观要求，这样才能实现高速发展，逐渐增长，达到一个新的阶段。现代化经济体系中离不开海洋经济，后者的高质量发展至关重要，其所带来的意义不容忽视，需要采取有效措施，建立海洋强国，满足时代要求，促进经济全面发展。

2018年全国海洋工作会议着重提出了要促进海洋经济发展，需要贯彻新发展理念，并在此基础上加强管理，提升自身能力，重视海洋科技创新，深化供给侧改革，促进海洋经济发展，使新兴产业能够真正壮大起来，为海洋强国的建立奠定基础，使其在物质和能力上都有所保障，从而有助于现代经济体系的建设，为之提供新动能。海洋经济高质量发展是未来的重要任务，需要立足于自身，提出明确要求，发挥推动作用，促进现代经济体系建设。

海洋经济发展在新时代呈现出新特征，需要认清所面临的态势，紧抓机遇，探寻问题，迎接挑战，形成战略规划，实现可持续发展。现代海洋经济发展呈现出新常态，必须主动适应，认清现状，了解问题所在，针对发展不平衡不充分的现象采取合理措施，有效解决现实难题，加强改革，并以此为主线进行调整，不断创新，提高驱动力，促进协调发展。在此过程中要加强海洋生态建设，以绿色低碳为基础扩大开放合作，实现经济共享，明确未来发展目标，扩大优质增量供给，转变发展动力，提高发展效率，实现海洋经济高质量发展，使其在国民经济发展中占据重要位置，对提升国家安全能力有所帮助，只有这样才能建设海洋强国，实现经济全面进步。

海洋经济领域供给侧改革势在必行，应不断深化，实现海洋经济高质量提升。企业要加强质量变革，在此基础上不断提升自己，建设高质量品牌企业，开发具有国际竞争力的产品。效率变革是其核心所在，需要立足于实际，加快政策调整，营造良好的制度环境，为海洋经济发展创造条件。重视动力变革，促进海洋产业发展，提高在全球中的地位。加强海洋产业创新，在此方面不断努力。重视技术创新，加强结构调整，促进海洋产业发生巨大变化，抛弃以往粗放型经济，向精益发展方向转变，不再仅局限于要素驱动，技术驱动成为主流，低端竞争已不适合现代要求，高端升级势在必行，企业过度开发无利于持续发展，绿色发展是未来的方向，海洋传统产业将会发生巨大变化，提质增效成为目标所在。加强集成创新，促进技术进步，加快产业成果转化，建设技术创新体系，形成海洋新兴产业发展集群，提升自身影响力，促进产业发展。海洋服务业也将发生巨大变化，模式创新为其奠定基础，向产业链高端延伸是未来的方向，必然要实现全面发展。

我国一向重视科技创新，习近平总书记曾明确指出要建设创新型国家，真正将科技创新与国家建设结合起来，立足世界科技前沿，加强自身发展，重视基础研究，实现原创成果重大突破。党的十九大曾明确提出坚持陆海统筹，加强海洋强国建设的目标。各部门要深刻领会这一精神，做好准确把握，真正将其落实下去，从而使我国海洋经济得到进一步发展。科技创新在这方面起到主要作用，对未来的发展具有重要意义。创新驱动是发展的第一动力，也是未来进步的关键所在，对于海洋产业至关重要。科技创新能力与国家力量密切相关，只有在此基础上才能提升生产力，提高综合国力，实现全面发展，其作用不可替代。要真正将创新理念落实到工作当中，使其充分发挥作用，指导科技创新，实现全面发展，引领未来方向。充分利用改革的作用，实现全面开放，为海洋经济高质量发展创造条件。落实发展理念，产生牵引效应，引入创新因素，实现协调发展，达到全面互赢。加强体制机制建设，充分发挥其引擎作用，为海洋经济高质量发展创造条件，真正实现合作共赢。“一带一路”建设已经取得了一定成绩，也为海洋经济高质量发展创造了条件，可以在此基础上不断开拓，实现全面沟通，加强政策落实，连通贸易渠道，完成资金融通，进一步深化改革，开拓新的思路，为自身赢得更大空间。现实中阻碍隔阂难以避免，要对此有充分认识，利用自身优势不断打破现有局限，抓住机遇，加强合作，转变方式，拓展空间，实现互利共赢。要将创新驱动引入工作当中，深入改革，有效实施发展战略。科技创新对海洋产业发展至关重要，也与国家战略目标紧密相连，只有强化基础，实现新的突破，才能有效完成经济转型，使海洋产业得到全面发展。只有掌握核心技术，在研发上加大力度，实现与经济对接，才能使其作用发挥出来。充分发挥科技创新的驱动作用，完成产业化目标，实践成果转换，使其带来更多经济效益，实现全面提升，推动经济方式转变。我国一直以来重视海洋技术进步，习近平总书记曾明确强调要将其与海洋经济高质量发展紧密结合，推动其不断发展。在这一思想指导下，我国加大科技创新力度，充分发挥其作用，将其用于海洋强国的建设当中，取得了一定成绩。我们对未来发展要有深刻认识，明确使命与责任，真正发挥创新驱动作用，促进海洋事业发展，带动海洋经济高质量发展。

二　研究意义

理论意义：第一，在海洋科技创新驱动海洋经济高质量发展的理论框架的基础上，对我国海洋科技创新和海洋经济高质量发展情况进行总结，分析目前形势，进行深入探寻，同时在海洋科技创新驱动海洋经济高质量发展的作用机理、作用途径和作用程度等内容上进行了有益的理论探索，这是对现有我国海洋经济高质量发展问题的有益补充。第二，海洋科技创新驱动海洋经济高质量发展的研究较少。本书尝试在理论分析的基础上，综合运用多种现代计量方法，全方位、多层次地检验影响机制和所带来的效果，形成系统的海洋科技创新驱动海洋经济高质量发展的理论认知与分析框架，是对海洋科技创新驱动海洋经济高质量发展内在规律的新的理论探讨。

现实意义：第一，为当前我国如何利用海洋科技创新驱动海洋经济高质量发展提供解释，通过不同的路径优化和提升当前海洋科技创新驱动海洋经济高质量发展。第二，为科学评价我国海洋科技创新驱动海洋经济高质量发展提供现实依据，并据此发掘和分析当前我国海洋科技创新驱动海洋经济高质量发展面临的现实问题和障碍、影响机理及主要因素，有助于我国进一步推动海洋科技体制改革，促进科技要素在海洋经济高质量发展中承担更重要的责任。第三，对于政府更好地制定海洋科技和海洋经济的政策提供依据，促进我国海洋经济高质量发展。

第二节　相关文献综述

一　科技创新与经济发展关系文献综述

科技创新与科技进步是否促进经济发展，这一课题广受关注，许多学者对其进行研究，经历了长期探索的过程，国外学者研究相对较早。[①] 李斯特曾对二者的关系进行研究，他认为科技与创新是

① Schumpeter, *The Theory of Economy Development*, Cambridge, MA: Harvard University Press, 1912.

国家发展的基础，通过发明创造使人类社会发生改变，大量智力财产聚集起来，生产率大幅度提升，从而奠定了国家发展的基础，因此它们与经济发展紧密相连，有着不可分割的关系。[①] 亚当·斯密对科技进步的作用进行研究，认为其与经济增长密切相关，是重要的促进因素，他曾在自己的著作中明确指出科技进步是财富增长的重要动力，其地位是不可替代的。马克思[②]曾对影响生产力水平的各种因素进行分析，充分肯定了技术进步的重要性，认为只有在此基础上才能实现经济的全面提升。[③] 熊彼特对经济发展与创新之间的关系进行研究，认为只有不断创新才能使发展呈现出逐步演进的状态。经济离不开创新，否则就谈不上增长，而是变成一潭死水，没有任何活力，只能以静态的形式存在。经济发展与创新密切相关，只有将这一具有活力的因素引入其中，才能使整个经济体系发生变化，呈现出欣欣向荣的状态。[④] 罗默对投资进行研究，并将其与经济增长率结合起来，认为当投资增加时，知识积累也会随之增加，后者又可产生正反馈作用，形成良性循环，带动经济长期增长。[⑤] 库兹涅茨曾对知识存量的作用进行研究，认为其可以促进经济增长，在当今时代发挥着不可替代的作用。知识存量包括不同内容，任何方面的积累都有助于经济增长，如果能够对其进行充分利用将会成为不竭的源泉。许多学者致力于知识积累的研究，他们从不同角度出发进行论证，认为技术进步起到决定性作用，与经济持续增长密切相关。[⑥]

根据目前研究结果显示，技术进步可以促进经济增长，这已经

---

① List, F. , *The National System of Political Economy*, London Longm Press, 1904.

② ［德］马克思：《资本论》，上海三联书店 2009 年版。

③ ［英］亚当·斯密：《国富论》，谢宗林译，中央编译出版社 2010 年版。

④ ［美］约瑟夫·熊彼特：《经济发展理论》，何畏、易家详等译，商务印书馆 2020 年版。

⑤ ［美］戴维·罗默：《高级宏观经济学》，王根蓓译，上海财经大学出版社 2014 年版。

⑥ ［美］西蒙·库兹涅茨：《各国的经济增长》，常勋等译，商务印书馆 1985 年版。

被许多实证研究所证实。国外学者的研究起步较早，在这方面做出巨大贡献。索洛的贡献在于索洛模型的提出，最早出现于20世纪50年代，他将技术变动引入模型当中，用来表现以往不变的指标。通过模型进行分析，他发现经济增长受多种因素影响，其中包括技术进步。而“增长效应”与“水平效应”可以通过这一模型区分开来，数量增长带来的效应与技术水平提高的结果存在不同。索洛模型①的贡献在于将技术进步这一因素分离开来，证实其与经济增长之间的关系，从而为后续的系统研究奠定基础。将技术进步与经济增长联系起来，更加完整深入地探究导致经济增长的原因。卢卡斯对经济增长因素进行研究，引入人力资本积累模型，结果发现教育投资与经济增长呈现明显正相关，随着投资的加大增长速度不断提升；而受教育程度也是关键性因素，程度越高即增长越快。②

科技创新一直是学者们关注目标，以国情为基础，将国外的理论成果为我所用。刘苍劲对科技创新进行研究，认为其是知识经济的核心所在，往往以物化的形式存在，随着新产品的出现，许多创新成果面世，因此可以通过这种方式进行科技成果转化，不断开发出新产品，成为工业创新的主要目标。随着新产品的出现，一些高科技公司诞生，它们致力于新产品的研发生产，从而实现科技成果转化。体制创新在其中发挥重要作用，以此来推进技术创新，真正有效利用人才，加强自身建设，充分发挥技术资本的作用，将其与其他资本结合起来，实现规模化发展，从而有效提升科技产业的地位，实现全面进步。③ 徐冠华针对科技创新提出自己的看法，认为与经济发展密切相关，在新的世纪呈现出新的特征，他将自己的理论写入著作当中。他认为全球经济社会发生变化，可以从多方面体

---

① Solow, Robert M., *Growth Theory: An Exposition*, Clarendon Press, 1970.

② ［美］小罗伯特·E. 卢卡斯：《经济周期模型》，姚志勇、鲁刚译，中国人民大学出版社2013年版。

③ 刘苍劲：《知识经济的核心是科技创新——兼论我国发展知识经济的几个重要问题》，《湖南商学院学报》1999年第6卷第5期。

现出来，一是知识的重要性，成为一切的基础；二是国际环境发生变化，全球化势不可当；三是增长方式的改变，可持续发展成为主流。科学技术的发展与之密切相关，是未来发展的前提所在，只有科技发展才能使社会发生改变。①

西方的理论为我国的发展提供帮助，此类方法被学者们采纳，在此基础上进行实证研究，通过构建数量模型分析科技进步对经济增长的贡献状况。史清琪、尚勇对中国技术进步贡献率进行研究，引入了索洛模型，获得了各自的结果。对结果进行分析，发现差异较大，究其原因与参数估算方法不同有关。之后的研究，有较大进步。② 张玉喜等对中国科技金融投入进行研究，探寻其在科技创新中的作用，在研究中引入了静态和动态面板数据模型相结合的方法，结果显示其作用存在地区差异。多种因素对其产生影响，东西部和中部侧重点有所不同，企业自有资金对东西部的影响较大，同时社会资本的作用也不容忽视，政府财政投入作用相对较少，但其在中部地区影响较大。庞瑞芝等借助拓展的网络化数据包络分析法，研究表明，全国各省份科技创新对经济发展的作用普遍偏低。创新成果未实现优化配置是普遍现象，53%的省份的创新成果不足。③ 樊杰、刘汉初采用统计数据分析传统发展模式得出以下结论：科技创新对区域经济贡献程度在省域层面正逐步超过投资和外向型经济的贡献；当前科技创新能力的区域差距大于当前经济发展水平的区域差距。④ 封颖等认为印度政府推出了第四套科技创新政策，它服务于印度提出的要从服务业大国迈向创新型国家的目标，并围绕探索具有本国特色的"印度创新模式"进行研究，指出管理协调

---

① 徐冠华：《关于建设创新型国家的几个重要问题》，《中国软科学》2006 年第 10 期。

② 史清琪、尚勇：《中国产业技术创新能力研究》，中国轻工业出版社 2000 年版。

③ 张玉喜、赵丽丽：《中国科技金融投入对科技创新的作用效果——基于静态和动态面板数据模型的实证研究》，《科学学研究》2015 年第 2 期。

④ 樊杰、刘汉初：《"十三五"时期科技创新驱动对我国区域发展格局变化的影响与适应》，《经济地理》2016 年第 1 期。

职能在其中发挥重要作用，必须重视创新教育，加强人才培养，在国内外双轮驱动等方面，加强项层设计。[①]

二　海洋科技创新文献综述

国外学者对海洋科技创新的研究主要体现在各国政策方面，目的明确，采取各项措施就是为了提升自身海洋科技创新能力。法国在此方面起步较早，重视程度较高，一直致力于提升自身海洋科技能力，促进其尽快发展。该国曾于20世纪60年代建立了海洋开发研究中心，配备了先进的设备和仪器，发展至今已获得了诸多成果。政府在此方面重视程度较高，不断充实科研力量，培养高科技人才，为研究中心提供各种资源。Hong认为海洋经济发展与科技密切相关，后者是强化自身实力的法宝，然而科技兴海是未来发展的重要战略。海洋为人类发展提供必要的资源，如何合理利用至关重要，只有通过发展海洋科技，提升海洋环境承载力，才能有效利用海洋资源，促进海洋经济进步。由此可见，只有融合多种海洋技术，才能提升科研水平，获得更多研究成果，促进其尽快转化，为人类带来更多福利。[②] Shields对海洋科技进行研究，认为它是发展海洋经济的基础所在，只有不断进行科技创新，加强知识创新，才能稳固海洋经济，促进其全面发展，爱尔兰海洋经济必须紧抓这点才能获得确实进步。科技创新必不可少，科技与知识的融合是其中关键所在，只有不断积累知识才能为科技的发展奠定基础，成为创新的灵感源泉。21世纪海洋经济迅速发展，各国对此十分重视，不断提升自身创新能力，在全球赢得更高地位。[③] Basurko等对海洋科技进行研究，认为其在海洋经济发展中占据重要位置，本身可以起

---

① 封颖、徐峰、许端阳、杜红亮、张翼燕：《新兴经济体中长期科技创新政策研究——以印度为例》，《中国软科学》2014年第9期。

② Hong, S. Y., "Marine Policy in the Republic of Korea", *Marine Policy*, Vol. 19, No. 2, 1995, pp. 97 - 113.

③ Shields, Y., J. O' Connor, "Implementing Integrated Oceans Management: Australia South East Regional Marine Plan and Canada's Eastern Scotia Shelfintegrated Management Initiative", *Marine Policy*, Vol. 5, 2005, pp. 391 - 405.

到推动作用，促进后者不断创新。认为海洋科技应向着低碳高效方向发展，以可持续性为原则，坚持绿色环保，不应以牺牲海洋生态环境为前提。评价海洋科学技术也需要坚持这一原则，选择适合的方法确定其可持续性。[①] Andersson 等对海洋科技进行研究，认为其是海洋经济创新的基础所在，所发挥的作用不可替代。海洋科学技术的发展势在必行，政府需要对此重视起来，制定相关政策加以支持，民众同样是关键环节，他们的建议可以发挥较大作用，提升民众的认知水平至关重要，同时也是未来海洋科技创新发展的前提。[②]

国内海洋科技创新起步较晚，艾万铸等对各国海洋技术发展情况进行研究，系统介绍了一些主要国家的特点，为我国的发展提供了理论基础。[③] 孙洪在自己的著作中介绍了世界海洋高技术发展的现状，并从多个角度进行分析，从生物技术到海水利用，从淡化海水到海洋采矿，从能源利用到资源开发，所有内容都包含其中，他们站在不同角度去看待海洋开发，介绍相关新技术，并将其与区域产业发展联系起来，提出有效战略，希望在政策上进行调整。[④] 马志荣对我国海洋科技创新进行研究，并将结论写于著作当中，他分析了目前现状，指出存在的问题，提出面临的机遇，认为应该建设海洋科技创新服务体系，将多个问题纳入其中，对其进行分析，探寻背后根源所在，提出解决对策。[⑤] 彭岩对海洋技术创新进行研究，并将自己的对策建议写入论文当中，他认为创新体系的建设是基础所在，资金的投入同样必不可少，人才是创新的根本，需要在这方

---

① Basurko. O. C. , Mesbahi. E, "Methodology for the Sustainability Assessment of Marine Technologies", *Journal of Cleaner Production*, Vol. 68, 2014, pp. 155 - 164.

② Andersson J. , "The Critical Role of Informed Political Direction for Advancing Technology: The Case of Swedish Marine Energy", *Energy Policy*, Vol. 101, 2017, pp. 52 - 64.

③ 艾万铸、陈瑛、杨娜：《中国海洋经济前景分析》，《海洋信息》2007 年第 2 期。

④ 孙洪：《发展海洋高技术促进海洋高技术产业发展》，《高科技与产业化》2001 年第 1 期。

⑤ 马志荣：《我国实施海洋科技创新战略面临的机遇、问题与对策》，《科技管理研究》2008 年第 6 期。

面加大力度，重点培养，真正解决根本问题。[1] 徐胜、李新格认为海洋科技成果转化效率远高于创新研发效率，较低水平的创新研发效率导致海洋科技创新综合效率总体水平不高；研发效率不断提高，综合效率呈上升趋势，但科技成果转化率并不理想，则整体呈下降趋势。[2] 马仁锋等认为沿海省市科技均正向发展，科研水平状况渐好，经济发展轨迹相对集中，经济发展速度较为平均，整体水平较高。海洋经济离不开科技创新，科技能力在其中起到决定性作用。[3] 张樨樨等认为海洋产业集聚与海洋科技人才集聚相互影响、相互制约，呈现耦合发展态势。两者相互配合的协调与发展阶段的同步决定了我国海洋经济的总体发展质量与发展的可持续性。

三　海洋经济文献综述

（一）国外海洋经济文献综述

在人类发展历史上，海洋有着不可替代的地位，海洋利用史贯穿于整个人类的进步史中，但对于海洋活动的研究在近些年才逐渐展开。地球表面大部分被海洋所覆盖，其中蕴含着丰富的资源。早期人类在海洋中获取食物，渔业发展历史悠久。随着科技的进步，海运业逐渐发达起来，成为传统海洋生产利用模式的标志。到了20世纪中期，人类的海洋活动发生了质的转变，石油平台的建立预示着新时期的到来，海洋开发进入了新时代，资源利用发生根本性转变，同时也催生了海洋经济研究。早期研究大多集中于传统模式方面，第二次世界大战结束后，国家之间的差距逐渐拉大，一些发达国家开始将海洋与经济发展联系起来，认识到其所产生的重要影响，开始将重心转向海洋管理。

法国是走在前列的国家，早在20世纪60年代，法国就明确了

---

① 彭岩：《促进我国海洋技术创新的途径与措施》，《海洋技术》2005年第2期。

② 徐胜、李新格：《创新价值链视角下区域海洋科技创新效率比较研究》，《中国海洋大学学报》（社会科学版）2018年第6期。

③ 马仁锋、王腾飞、吴丹丹：《长江三角洲地区海洋科技——海洋经济协调度测量与优化路径》，《浙江社会科学》2017年第3期。

未来的发展方向，海洋开发研究中心随之建立起来。美国在这方面更为发达，许多学者致力于海洋经济研究，并且取得了一系列成绩。《海岸带管理法》于1972年在美国通过。事隔两年该国政府又提出“海洋经济”和“海洋GDP”概念和核算方法。美国在这方面的脚步始终没有停止，“海洋经济”在20世纪末被提出，并且进一步区分了“海洋经济”和“海岸带经济”。其中海洋经济更强调经济活动，是与海洋有关的资源投入。海岸带经济同样也是经济活动，但所包括内容众多，不一定与海洋资源相关。苏联虽然起步较晚，但也在海洋经济方面做出巨大贡献，学者们提出了“大洋经济”这一说法，但后续研究处于停滞状态。

海洋经济的方法研究在80年代成为热点，许多国家在这方面取得成果，美国等国家进步较快。Pontecorvo的研究具有一定的代表性，他认为美国经济受到海洋影响，从产业的角度探寻这一因素的贡献度，而他的贡献在于国民账户法的引入①，逐渐被各国所接受，成为主流研究方法。② 各国学者引入了不同研究方法，经过比较后确定海洋经济产业包括九大行业部门。③

国际海洋经济研究虽然起步较晚，但在20世纪90年代取得巨大进步，从《联合国海洋法公约》建立到“国际海洋年”出现都充分说明了这一点。各国学者致力于相关研究，沿海国家也倍加重视，各项政策纷纷出台，许多机构建立起来，进入了迅速发展的时代。当时的研究集中于定量评估和方法论，发达国家走在了前列，他们对海洋价值有了充分认识，并且将其与国民经济联系起来，获得了一系列成果。

---

① Pontecorvo G., Wilkinson M., et al., Contribution of the Ocean Sector to the U. S. Economy, *Science*, Vol. 208, May 30, 1980, pp. 1000 – 1006.

② 姜旭朝、张继华、林强：《蓝色经济研究动态》，《山东社会科学》2010年第1期。

③ Alistair McIlgorm, "What Can Measuring the Marine Economies of Southeast Asia Tell Us in Times of Economic and Environmental Change?" *Tropical Coasts*, Vol. 16, No. 1, 2009, pp. 40 – 49.

21 世纪海洋技术的发展呈现出新态势，各国重视程度日益增加，人们的认识水平不断提高，投入大幅度提升，一些研究已然成型，发展速度飞快，众多成果涌现，进入了更高阶段。Holthus 对海洋经济进行研究，将它引入全球经济体系当中，认为其所起到的作用不可替代，是经济发展的核心力量。海洋经济研究如火如荼，国外学者已取得一定成果，呈现出如下特点。

第一，关于“海洋经济”的研究众多，也取得了一定成果，但尚未形成完善的理论体系。海洋经济这一课题近年来备受关注，许多学者对这方面进行研究，国外起步较早，但与国内情况相比仍有所差距。我国在短期内即构建起海洋经济学科，理论上相对完善，已经形成独立体系，国外则处于分散状态。这些学者们的研究相对有限，并没有站在更高角度去看待这些问题。国外学者的研究集中于某些海洋问题，没有将其进行整合，各种经济活动相对独立，缺乏相关性的成果，也鲜有专门论述。海洋产业经济学相对热门，许多学者将其与海洋经济画等号。研究机构没有将“海洋经济学”独立出来，而是作为其他课题附带，甚至等同于“海洋渔业经济学”。许多国家对“海洋产业”倍加关注，尤其是沿海国家更是如此，在这一概念上已经达成共识，如美国、英国、加拿大等国家都有明确表述。周秋麟、周通的研究显示，对于生态系统的研究，涵盖面比较广泛，除了气候变化相关研究，海洋灾害风险也是热点所在。海洋资源更加受到重视，学者们不断探究其价值，为未来的开发利用提供理论依据。随着海洋产业的开发，其所做出的贡献不断增加，对于国民经济发展至关重要。① 乔翔对海洋经济进行研究，认为可以将经济学分析框架引入其中，用来解释现有的问题，没有必要单独将其作为一个学科，但实际上并非如此，实现的发展与理论的深入充分证实了这一点，海洋经济学发展成为大势所趋，在未来必然

① 周秋麟、周通：《国外海洋经济研究进展》，《海洋经济》2011 年第 1 期。

会展现出新的局面①。

第二，国外研究更注重分析中微观层次。近些年海洋经济不断发展，学者们开始对其关注，其中一些问题凸显，尤其是经济关系方面。他们注重于各种因素之间的关系，并不仅仅局限于产业之间，同时也会考虑其他因素带来的影响，政府与市场的作用不容忽视。学者们针对海洋经济总量进行分析，思考这一领域中的重要问题。国外学者的关注点有所不同，会着重分析目前遇到的情况，透过现象探求本质，并将经济学框架引入其中，从微观行为入手介绍相关现象，说明背后的成因，还会关注最优决策，从不同中观经济层面研究，渔业仅仅是一方面，同时海岸带经济管理也成为重要的关注点。西方主流经济学在研究中起到了重要作用，学者们将其用于微观基础分析当中并进行中观分析。海洋产业的发展使海洋经济备受关注，从20世纪80年代开始成为各国竞争的焦点。

第三，海洋经济研究与政府决策关系越来越紧密。时代的发展为海洋经济活动提供条件，实践促进经济学发展，海洋经济学开始被广泛关注，被政府和相关单位所采纳，应用于实践当中。21世纪发生了新变化，海洋开始受到各国重视，其作用日益凸显，许多国家从中受益，沿海国家更是如此，它们希望自己在海洋国家中拥有一定地位，因而纷纷制订规划，进行海洋开发，发展海洋经济。美国、欧盟、日本等经济体纷纷出台相关法规，指导海洋的开发利用，促进海洋经济研究成果的落实。海洋经济研究成为大势所趋，受到政府以及各个团体的关注，作为一种综合性学术行为，可以有效指导各国政策，帮助其进行海洋开发利用，从而有助于经济发展。

（二）国内海洋经济文献综述

海洋经济也受到了许多国内学者的关注，致力于相关研究，但总体来说起步较晚。海洋经济的发展对我国也产生了深远的影响，

① 乔翔：《中西方海洋经济理论研究的比较分析》，《中州学刊》2007年第6期。

早在20世纪70年代就受到学者们的关注，并且提出了这一概念。1980年是重大的转折点，海洋经济研讨会的召开意味着学术界发生重大转变，海洋经济研究成为热点。纵观近几十年发展情况，主要有以下三个阶段。

第一阶段为起步阶段（1949年—20世纪90年代），中华人民共和国成立以来就着手海洋经济研究，这一阶段直到20世纪90年代截止，前后历经50年。随着“海洋经济”概念的提出，许多学者开始致力于这方面研究，一些海洋相关问题凸显，如渔业、运输业等，虽然进行了逐步深入的探讨，但尚未形成科学体系。学者们的研究属于陆路经济研究中的一个分支，并没有完全独立出来，因此被称为“萌芽时期”。随着全球海洋经济的发展，我国海洋开发也广受关注，学者们的研究逐渐深入，向更广阔的领域发展，而此时的主流仍然是传统海洋产业，关于这方面的研究成果越来越多。刘曙光等对这一期间的研究成果进行统计，选择1978—1990年相关文献，发现大部分研究集中于海洋渔业和运输业方面，其他方面所占比例较低。这一阶段的学者主要关注的是海洋基本问题，在理论研究方面有所欠缺，所获得的成果并不多，但也有学者在这方面进行了尝试。[①] 孙凤山等将海洋经济学纳入应用经济学当中，对其进行研究，主要集中于海洋经济活动方面，认为其并不属于理论科学，因为研究对象并不具体明确。他认为海洋经济学是研究社会经济效益的学科。[②] 权锡鉴认为，海洋经济学与理论经济学就有一定差别，海洋经济学属于应用学范畴，它隶属于海洋科学，但仅仅是其中的一个分支，也是重要的组成部分。海洋经济学属于边缘性科学，就其性质来说也不是海洋自然科学。海洋经济学包括诸多内容，如资源耗费与成果之间的关系，寻求二者的平衡，获取最理想

---

① 刘曙光、姜旭朝：《中国海洋经济研究30年：回顾与展望》，《中国工业经济》2008年第11期。

② 孙凤山：《海洋经济学的研究对象、任务和方法》，《海洋开发》1985年第3期。

的成果，使海洋物质生产力得以提升，这是该学科需要研究的问题。[①] 张耀光对海洋产业进行了明确定义，认为是为了发展海洋经济，主要是对海洋资源和空间加以合理利用，有效开发，从而实现经济的提升。[②]

虽然这段时间的研究成果较多，但在海洋经济方面还有所不足，涵盖范围较窄，仍处于初始阶段。学者们的研究大多以实效性为主，有一些会涉及政策性的内容，但是理论性明显不足，在实践性方面仍有所欠缺，整体范围仍需扩展。在这一时期海洋经济理论框架尚未成型，学者们的研究成果主要集中在传统产业部分，并且以渔业和运输业为主，其他产业虽然有所涉及但所占比例较低。

第二阶段为雏形阶段（20 世纪 90 年代），经历了第一阶段的发展，海洋经济学研究进入雏形阶段，在以往的基础上粗具规模。世界各国经济的不断发展，带动了海洋科学进步，中国同样是受益者，海洋经济研究获得了巨大突破，呈现出前所未有的态势，学者们开始关注实际应用领域的研究，并且取得了一系列成就。国家在这方面也重视起来，发表相关政策给予支持，《中国海洋 21 世纪议程》随即出台，这意味着中国海洋经济高质量发展进入新阶段。国家希望以此为中心进行海陆一体化开发，充分利用各种资源，发挥科技力量，真正做到协调发展。这是中国发展必须要遵照的原则，对海洋开发做出指导。一时间，海洋开发成为热点，沿海地区纷纷响应，出台一系列文件，做出长远规划，提出各种口号，将海洋开发提上议事日程，力图在今后得到全面发展。此时学者们的研究热点也发生了转变，他们关注于实践的具体问题，并且以解决这些问题为研究目的，关于区域性的研究越来越多，成果实用性强，针对性更为明显。蒋铁民对海洋经济进行研究，主要针对的是区域经济，指出目前存在的问题，对其进行深入探讨，力图寻找到有效解

① 权锡鉴：《海洋经济学初探》，《东岳论丛》1986 年第 4 期。

② 张耀光：《海洋经济地理研究与其在我国的进展》，《经济地理》1988 年第 2 期。

决方法。[1] 鹿守本的研究重点在于海洋管理方面，对具体问题进行系统分析。[2]

这一阶段西方学者的研究成果也逐渐出现，国内学者对这些成果兼收并蓄，将思想与方法引入自己的研究当中，同时将这些理论与实践结合起来。随着理论与实践的碰撞，实践中的理论开始愈加丰富，而理论的指导又解决了实际问题，海洋经济研究基本框架初步形成。徐质斌对海洋经济进行研究，认为所包含内容众多，从产品的投入到供给都隶属于其中，除此之外还与资源、空间等密切相关，所有经济活动都是重要的内容。[3] 海洋经济并不仅仅局限于此，与海洋有依存关系的也都位于其列。他认为这一切都在《海洋产业分类与代码》中被列举出来[4]。

第三阶段为发展阶段（21 世纪以来），进入新时期的海洋经济也得到了全面发展，逐渐进入更广阔的领域。近几十年，科技获得了巨大进步，海洋科学技术发展带动经济学研究，也使海洋经济活动发生转变，传统的资源利用所占比例逐渐下降，综合性海洋资源开发开始成为主流，海洋技术的提升为这一切创造了条件，经济发展也进入了一个新时期。随着时间的车轮到达21 世纪，许多海洋新兴产业逐渐发展起来，在经济发展中占有重要地位，新时代的到来也带来了巨大挑战，对于海洋工作者的要求逐渐增高，这也意味着未来的更大机遇。所有这一切也促使国内学者研究方向发生转变，可持续发展被提上议事日程，相关的理论研究成为热点，一改以往只注重实际应用的局面，理论研究开始逐渐发展起来，二者并重。这一阶段国内海洋经济研究遍地开花，分为理论研究和实证研究。

理论研究：朱坚真对海洋经济进行研究，认为应该站在整体性

---

① 蒋铁民：《中国海洋区域经济研究》，海洋出版社 1990 年版。

② 鹿守本：《海洋管理通论》，海洋出版社 1997 年版。

③ 徐质斌：《构架海陆一体化社会生产的经济动因研究》，《太平洋学报》2010 年第 18 期。

④ 刘曙光、姜旭朝：《中国海洋经济研究 30 年：回顾与展望》，《中国工业经济》2008 年第 11 期。

的角度去看待，本身是一种综合性学科，具有公共性特征，技术含量较高，相对比较复杂，各个因素之间具有关联性，存在高风险的特征，研究对象也并不局限，可以向多元性方向发展。首先，学科定位发生转变。在以往的发展阶段，海洋经济学的研究以应用性为主，在此基础上逐渐扩展，而目前理论研究开始受到重视，呈现出二者并重的局面。一些学者在这方面进行尝试，也取得了一定成果。[①] 陈万灵对海洋经济学进行研究，认为应用经济学仅仅是其中的一方面，它应该包括其他内容，与资源经济学密切相关。海洋拥有丰富资源，这也是该学科的研究对象，如何开发利用是重要的研究领域，需要在这方面进行探索，总结其中的经济规律，这是海洋经济学的重要内容。[②] 孙斌、徐质斌对海洋经济学进行研究，认为属于应用经济学，但同样需要理论的知识，只有在此基础上才能发展起来。实践需要理论经济学的指导，这样才能进行有效资源开发，合理利用海洋资源，从而获得更理想的结果。实践又会反过来作用于理论，在应用的基础上完成理论的总结，通过抽象的理论阐释客观规律，进而得到升华，服务于实践当中，有效开发利用海洋资源，保护海洋环境，因此不属于边缘经济学。[③] 张德贤对海洋经济进行研究，主要关注可持续发展，试图建立相关理论框架，将人类社会引入其中，与海洋系统联系起来，二者产生交互作用。他将多种理论与方法引入海洋经济研究当中，就可持续发展方面进行探讨，建立模型，并将其应用于海洋资源开发利用方面，从不同的角度进行配置，立足于将海洋高新技术产业化。[④] 吴克勤提出海洋资源经济学的成立十分必要，可以针对海洋资源进行研究，使自然与社会结合起来，寻求它们与经济发展之间的关系，从而更好地利用资源，服务于经济，使这门新兴的边缘学科有其价值所在。他认为

---

① 朱坚真：《海洋经济学》，高等教育出版社 2010 年版。
② 陈万灵：《海洋经济学理论体系的探讨》，《海洋开发与管理》2001 年第 3 期。
③ 孙斌、徐质斌：《海洋经济学》，山东教育出版社 2004 年版。
④ 张德贤：《海洋经济可持续发展理论研究》，青岛海洋大学出版社 2010 年版。

这门学科所包含的内容众多，海洋资源可以带动经济，进而促进社会发展，反过来可以更好地利用海洋资源，彼此之间存在必然联系。对海洋资源进行合理配置，才能够可持续发展，有效利用对未来至关重要，这些都可通过政策性调整来实现。这门学科主要包括，如何能够合理利用海洋资源，实现科学发展，有效进行管理，保护海洋环境。[①] 王泽宇等认为，海洋资源利用能力等的对外开放程度及海洋经济就业潜力对海洋经济空间格局演变具有显著的正向作用；而海洋生态环境、基础设施对海洋经济空间格局演变具有负向影响。优化海洋产业结构、实现海洋资源高效利用、增强海洋科技支撑能力和海洋经济就业潜力、提高沿海地区对外开放程度将是推动海洋经济空间格局向平衡方向演化的关键。[②] 刘东民等认为现代海洋金融的基本特征是政策性金融与商业金融并举、开放性和排他性并存，以及产融结合与金融集聚相得益彰。现代海洋金融的工具有银行贷款和信贷担保、海洋基金、企业债券及资产证券化、融资租赁、海洋保险。当前中国发展海洋金融面临重大机遇。建议中国政府应支持建立海洋金融要素聚集区，以“三个基金、一个银行、一个智库”的模式推动中国海洋金融业的快速崛起。[③] 伍业锋针对海洋经济核心特征进行研究，解析生产函数，并详细介绍了海洋经济竞争力这一概念，在此基础上构建了一套包括发展基础、发展环境和业绩表现三大维度、资源环境等 9 个方面和 62 项具体指标的中国海洋经济区域竞争力测度指标体系。[④]

除以上研究外，海洋经济发展中与本书相关的实证研究又分为门槛模型研究、空间模型研究和效率模型研究。

---

① 吴克勤：《海洋资源经济学及其发展》，《海洋信息》1994 年第 2 期。

② 王泽宇、卢雪凤、孙才志、韩增林、董晓菲：《中国海洋经济重心演变及影响因素》，《经济地理》2017 年第 5 期。

③ 刘东民、何帆、张春宇、伍桂、冯维江：《海洋金融发展与中国的海洋经济战略》，《国际经济评论》2015 年第 5 期。

④ 伍业锋：《中国海洋经济区域竞争力测度指标体系研究》，《统计研究》2014 年第 11 期。

门槛模型研究：王波等基于VES生产函数建立了以海洋产业结构为门槛变量的估计模型，研究结果表明：海洋产业结构变动必然会带来影响，作用于海洋经济，使其发生变化，但这一结果具有明显差异。不同的海洋产业所占的比重不同最终的影响也会不同，如果以海洋第二产业为主，那么影响将更加显著，对海洋经济增长产生较大的“结构红利”，在一定程度上会促进海洋经济，使其能够较快发展，迅速增长。[①] 路璐等认为，现阶段我国的涉海企业科技创新投入与企业价值的双门槛效应显著，并且这种非线性关系在沿海地区与非沿海地区存在较大的差异，沿海地区的门槛值低于非沿海地区的门槛值。样本企业在统计期内的门槛通过情况也存在较明显的结构性失衡，这种失衡在沿海地区已有所改善，在非沿海地区则亟待解决。[②] 孙康等采用门槛回归模型解释了引起“金融抑制”现象的原因：沿海地区金融集聚水平存在“门槛效应”，部分沿海地区过高的金融集聚水平弱化了对海洋经济技术效率的促进效应。因此，在金融供给侧结构性改革的背景下，优化金融人才结构、实现“互联网+海洋金融”的发展模式、深化沿海地区市场化程度是提升海洋经济技术效率的主要途径。[③] 此类文献也为进一步深入分析海洋科技创新和海洋经济增长问题提供了有益的启示。

空间模型研究：现有文献中已经有不少学者运用空间计量方法探讨海洋经济的空间外溢作用。戴彬等借助探索性空间数据分析方法对其时空格局演变及影响因素分析，提示技术进步本身可起到推动作用，可以对全要素产生影响，使增长率有所提升，区域增长极由多个变成单一，海洋经济后发地区保持全要素生产率指数高值水平，区域间海洋科技差距不断缩小。传统产业占比过高对海洋科技

---

① 王波、韩立民：《中国海洋产业结构变动对海洋经济增长的影响——基于沿海11省市的面板门槛效应回归分析》，《资源科学》2017年第6期。

② 路璐、盛宇华、曲国明、董洪超：《涉海企业科技创新投入对企业价值的双门槛效应》，《资源科学》2018年第10期。

③ 孙康、张超、刘峻峰：《金融集聚提升了海洋经济技术效率吗？——基于IV-2SLS和门槛回归的实证研究》，《资源开发与市场》2017年第5期。

发展有负向作用，而从业人员科技素养提高、产学研相结合等能有效提升海洋科技水平。[①] 盖美等认为时间演变上，全国各沿海地区海洋经济效率呈上升趋势，绝对差异和相对差异都不断变大；空间分布上有明显不同，格局上发生改变，面积呈逐渐增加态势，效率分布由收缩趋势变为分散趋势，最终呈北、中、南格局分布，与三大海洋经济圈分布相吻合；三大海洋经济圈标准差椭圆面积都逐渐缩小，效率分布出现极化现象。[②] 赵昕等利用空间计量方法探析其分布特征，并且探索各种因素带来的影响。针对不同地区空间相关模式，对其进行对比，发现无明显差异，虽然这些空间之间存在着地理差距，但是并没有出现明显差别，对这一现象进行分析，考虑与空间溢出效应有关，当一个地区发生变化，可以通过扩散的方式影响其他地区，使其从中受益，进而拉近彼此之间的距离，产生不同的影响。[③] 于梦璇、安平针对多个海洋产业生产要素进行研究，探讨它们的贡献率，以期能够从微观层面给出解释。研究发现，除人力资本要素外，资本、劳动力和科技三种生产要素的投入贡献率在不同产业间差别不大；仅在同一产业内部差异明显；而且，人力资本要素发挥重要作用，当它对生产产生正面影响时就会大大提高贡献率，与新兴产业无关。[④] 狄乾斌等认为根据海洋产业发展情况来看，整体形势看好，并且相对平稳。在时间上，海洋生态效率总体上处于无效状态，探寻其与海洋第三产业比重之间的关系，发现二者呈现明显正相关，变化具有同向性，在特定的年份中显现出来。在其研究中海洋生态效率重心发生着空间变化，由南向北移

---

① 戴彬、金刚、韩明芳：《中国沿海地区海洋科技全要素生产率时空格局演变及影响因素》，《地理研究》2015 年第 2 期。

② 盖美、朱静敏、孙才志、孙康：《中国沿海地区海洋经济效率时空演化及影响因素分析》，《资源科学》2018 年第 10 期。

③ 赵昕、彭勇、丁黎黎：《中国沿海地区海洋经济效率的空间格局及影响因素分析》，《云南师范大学学报》（哲学社会科学版）2016 年第 5 期。

④ 于梦璇、安平：《海洋产业结构调整与海洋经济增长——生产要素投入贡献率的再测算》，《太平洋学报》2016 年第 5 期。

动，充分显示了南北之间的优化情况，其中北方的进度相对较快，相对于南方之间存在差异。从各省情况来看，虽然海洋结构有所不同，对生态效率产生冲击，但最终的结果呈现平稳状态。针对这种现象进行分析，考虑与产业结构升级有关，本身趋向稳定，虽然对生态效率产生影响，但最终的效应呈现逐渐减少趋势。[①] 王泽宇等主要针对海洋资源开发评价进行研究，从四个方面构筑评价指标体系，测度我国海洋资源开发进度，引入 VAR 模型，探寻其与海洋经济增长之间的关系及其关系的空间特征。[②] 谢杰等发现海洋经济增长潜力的挖掘重点需放在滨海旅游、海洋运输、海洋油气等产业上；海洋经济集聚的形成既受“地理第一性”的正向影响，也受“地理第二性”的积极影响；海洋经济增长战略对拥有海岸线城市带来持续集聚效应。在经验分析之后进行了政策讨论，以期沿海地区获得推进海洋经济地理积聚优势形成的持久动力。[③] 陈国亮认为海洋产业协同集聚具有空间分异显著、空间连续性增强以及“单中心”与“多中心”交替转换等特征，而且分为空间大尺度变迁、邻近地理变迁和空间集中变迁三种类型。[④]

效率模型的研究：具体到量化海洋经济增长效率研究，程娜以海洋第二产业不同控股类型的上市公司为样本展开研究，探讨不同性质企业经营效率情况，结果发现国有股份比例不同则效率不同，相对于控股企业来说非控股企业更具有优势。[⑤] 张继良等对海洋经济进行研究，选取 11 个省市数据，探寻其经济效率情况，将实证分

---

① 狄乾斌、梁倩颖：《中国海洋生态效率时空分异及其与海洋产业结构响应关系识别》，《地理科学》2018 年第 10 期。

② 王泽宇、卢函、孙才志：《中国海洋资源开发与海洋经济增长关系》，《经济地理》2017 年第 11 期。

③ 谢杰、李鹏：《中国海洋经济增长时空特征与地理集聚驱动因素》，《经济地理》2017 年第 7 期。

④ 陈国亮：《海洋产业协同集聚形成机制与空间外溢效应》，《经济地理》2015 年第 7 期。

⑤ 程娜：《基于 DEA 方法的我国海洋第二产业效率研究》，《财经问题研究》2012 年第 6 期。

析方法引入其中，结果显示，与当地的经济水平相比海洋经济增长明显不足，效率相对较低，大部分地区效率相对低下，海洋经济增长水平与绩效协调性有待提高。[①] 丁黎黎等对我国海洋经济进行研究，探寻资源和环境对其产生的影响。他们的研究充分证实了技术进步的作用，对于我国海洋经济增长至关重要，可促进绿色全要素生产率增长。多种因素对海洋经济增长产生影响，资源依赖和环境污染在不同地区所发挥的作用不同，本身存在差异。[②] 吴淑娟等运用2003—2012 年沿海地区的面板数据进行检验，结果表明：不同时期各影响因素产生的影响存在差异，初级阶段缺乏明确的影响因素，大部分沿海地区处于上述状态，而河北省相对例外，根据分析结果显示，其第二产业的比重对海洋经济绿色效率存在明显影响，分析的结果显示二者呈现负相关；人力资本投入也与其密切相关，分析结果显示呈现正相关。[③] 谢子远等测算了我国各地区海洋创新效率情况，在他的研究中引入了超效率 DEA 模型，用于分析相关影响因素，并对结果进行了实证检验，发现与效率具有正相关的因素包括两个，其一为机构规模，伴随规模的扩大技术创新效率有所提升；其二为高级职称人员比重，如果技术人员中高级职称者相对较多，那么创新效率将会随之提升。[④] 詹长根基于 DEA 研究框架，探究了 4 个因子驱动力的作用机理。地区经济发展效率的提升必然会对各方面产生影响，最终推动海洋经济效率的提升。产业结构的优化，必然会波及整个产业，使经济效率有所提高。资源禀赋也是重要的因素，拥有丰富的资源，合理地对其开发利用，必然影响经济

---

① 张继良、高志霞、杨荣：《我国沿海地区海洋经济增长水平及效率研究》，《调研世界》2013 年第 5 期。

② 丁黎黎、朱琳、何广顺：《中国海洋经济绿色全要素生产率测度及影响因素》，《中国科技论坛》2015 年第 2 期。

③ 吴淑娟、罗少玉、肖健华：《中国海洋经济绿色效率的测量及其影响因素》，《工业技术经济》2015 年第 11 期。

④ 谢子远、鞠芳辉、孙华平：《我国海洋科技创新效率影响因素研究》，《科学管理研究》2012 年第 6 期。

效率。[1] 胡伟等认为系统的核心在于可更新资源和经济产出，由此可见系统运行呈现向好趋势。我国海洋生态系统能值投入和产出都有所增加，其中投入增加更为明显，二者之间的差距呈现扩大趋势。纵观系统运行情况，整体为低效率运转，但发展效率却有所提升，区域之间存在一定差距，彼此极不平衡，呈现两极分化特征。[2]

综观学者们的研究成果，可以发现国内海洋经济研究具有一定特征，从早期的微观层面向中观层面过渡，进而向宏观层面发展，在此扩展开来，沿着一定脉络进行。早期以海洋资源利用为主，相关的经济活动带动了研究发展，因此更注重微观层面，以期能够满足市场供求，解决实际存在的问题，实行有效配置，基础研究成为主流。中观层面则发生了一定变化，更侧重于产业和区域，但也是为了解决具体遇到的问题。海洋产业包括许多内容，各自之间又有详细分类，彼此的关联性天然存在，与经济发展密切相关，对这些方面进行探讨，并探索基本模式，用于反映涉海区域总量特征，同时寻求各区域之间的关联性，所设计内容还包括海洋管理和政策方面。宏观层面则出现较大突破，针对海洋经济多个角度研究，从稳定增长到海陆协同都属于其范围之内，寻求运作特点，并与国民经济建立联系。宏观层面的研究内容包括两方面：一是对经济总量进行分析，研究相关政策，进行有效管理，进而提出相应的政策主张，更好地指导海洋经济高质量发展，确保能够稳定增长。二是研究发展问题。着重点在于可持续发展方面，探寻背后的机制，并将其引入理论框架当中，充实海洋经济学内容。这类研究包括内容同样众多，海洋与人类社会本身存在必然联系，形成相互作用的关系，可以针对这方面进行研究；学者们开始关注海洋生态系统，探讨其价值所在，在理论上进一步充实；如何能够实现生态价值，合

---

① 詹长根：《沿海地区海洋经济效率及驱动机理研究》，《工业技术经济》2016 年第 7 期。

② 胡伟、韩增林、葛岳静、胡渊、张耀光、彭飞：《基于能值的中国海洋生态经济系统发展效率》，《经济地理》2018 年第 8 期。

理利用海洋资源，达到可持续发展的目标，这一问题同样至关重要；海洋经济的可持续发展与人类社会密切相关，彼此存在天然的联系；海洋经济同样要注重可持续发展，制定未来战略目标，完成指标体系和能力的建设。

虽然有许多学者致力于海洋经济研究，但大多局限于应用领域，理论方面尚不成熟，总体有所欠缺。对于这门新学科未来还需要深入探讨，学者们的研究仍无法停止。在现阶段，理论与实践并重，学者们的努力方向包括以下几方面。一是目前研究范围较窄，无法将理论有效应用于实际当中，一些问题尚不能解决。二是目前研究尚不深入，仍需进一步探讨。三是海陆领域相结合是未来趋势，目前虽然有学者就这两方面进行研究，却未将其紧密结合起来。四是方法有所欠缺，创新度明显不足。五是可持续发展是未来的目标，但在海洋领域不够深入，无法满足系统性要求。

四　海洋经济高质量发展文献综述

关于海洋经济高质量发展的研究刚刚开始，相关文献较少。李宏认为，积极谋划海洋经济发展的新思路和新模式，加快推动海洋经济高质量发展已成为当前和今后一个时期沿海地区经济发展的根本要求。[①] 李大海等认为，青岛市海洋经济快速发展，但投资拉动、资源消耗型特征仍比较明显，科技创新对经济增长的拉动作用不显著，各功能区海洋创新链与产业链错位严重，海洋开发空间结构性矛盾突出。青岛市需要立足自身，建设高水平海洋大科学装置平台、加大引进力度和启动离岸海洋新兴产业试验区等方面推动全国蓝色领军城市的建设。[②] 黄英明支大林认为，海陆产业在再生产过程中存在紧密的技术经济联系，海陆经济一体化是推动海洋产业高

---

① 李宏：《海洋经济高质量发展的路径选择》，《山东广播电视大学学报》2018 年第 3 期。

② 李大海、翟璐、刘康、韩立民：《以海洋新旧动能转换推动海洋经济高质量发展研究——以山东省青岛市为例》，《海洋经济》2018 年第 3 期。

质量发展的有效途径和必然趋势。①

五 海洋科技创新与海洋经济发展的关系文献综述

（一）国外海洋科技创新与海洋经济发展关系

海洋经济发展离不开科技创新，二者之间存在必然关系，国外学者对此倍加重视，相关研究起步较早，经深入探讨并获得一系列成果。综观目前的国外研究，主要以发达国家为主。List 认为从国家的产生到演化与发展皆和发明改造密切相关，后者是一切的基础所在，随着人们智力、财产、能力的提升，国家经济不断发展，呈现出新的面貌。② 科技创新促进社会进步，使其摆脱低级状态，逐渐向高级迈进。另外也有学者致力于此项研究，其中 Arrow 等的成果较为显著。Arrow 等对经济发展的推动因素展开探讨，认为内生技术在其中起到重要作用。提出多种因素对经济体系的变化产生影响，而技术的提升是其关键所在，作为决定性变量发挥功能。当投资者掌握了先进的技术，那么就会使经济体系发生变化，从而为之带来更多经济效益。对于其他投资者来说，学习先进的技术同样至关重要，可以利用这一方法提高生产率，产生投资溢出效应。③ Romer 对经济发展的驱动因素进行研究，认为科技投入是关键所在，其针对这一切入点展开探讨，认为科技创新与经济发展之间密切相关。随着科技投入的增加，投资者可以掌握更多先进科学技术，促进经济持续升温；经济发展创造更多财富，同时对科技创新的依赖性提高，进一步产生促进作用，二者相辅相成，形成良性循环状态。④ Colgan 等对特定产业与海洋经济之间的关系进行研究，引入了区域经济学模型，探寻二者之间的联系。分析了不同产业对海洋

---

① 黄英明、支大林：《南海地区海洋产业高质量发展研究——基于海陆经济一体化视角》，《当代经济研究》2018 年第 9 期。

② List F. , *The National System of Political Economy*, London Longm Press, 1904.

③ Arrow, Kenneth, *The Implications of Learning by Doing Review of Economicstudies*, America Press, 1962.

④ Romer P. , "Increasing Technical Change", *Journal of Political Economy*, Vol. 94, 1986, pp. 1002 - 1037.

经济的贡献，结果发现第二产业和第三产业不断增强，其中海洋产业所起的作用不容忽视，尤其是借助科技改造升级的产业，呈现出逐渐提升的态势。[①] Colgan 对美国海洋经济进行研究，获取大量数据，对其统计分析，认为未来的发展需要依靠科技创新，通过这种方式排除障碍，促进海洋经济高质量发展。由此可见，海洋科技在21 世纪更加受到重视，未来其重要性必然迅速提升，这将有利于人们提高对海洋经济的认识，促进海洋科技发展，将其应用于实践当中，发挥积极有效的作用。[②]

（二）国内海洋科技创新与海洋经济发展关系

海洋经济的发展离不开科技创新，二者之间的关系备受关注，国外学者对其进行研究，取得了一系列成果，但大多集中于理论层面。该课题同样是国内学者的关注热点，但后者以实证研究为主。本书从理论和实证两方面阐述。

理论研究。张新勤从国内外海洋科技的研究现状出发，分析了我国海洋开发及海洋科技现状，研究我国海洋科技创新与国际海洋科技合作机制的五大要素，并结合动态规划的模型分析法构建路径图得出了海洋科技创新与科技合作实现的最佳路径。[③] 郭宝贵、刘兆征则是把发展和创新海洋科技作为高新技术革命最重要的项目，不断加大海洋科技投入，积极发展海洋科技产业。[④]

实证研究。孙才志等认为近年来，我国海洋经济发展呈现出良好势头，海洋科技水平不断提升，二者表现出良好状态，但海洋经济对海洋科技的响应并不理想，整体相对较弱，而海洋科技对海洋

① Colgan, Charles S., "Grading the Maine Economy", *Occupational Medicine*, Vol. 3, No. 3, 1991, pp. 55 – 62.

② Colgan C. S., "The Ocean Economy of the United States: Measurement, Distribution & Trends", *Ocean & Coastal Management*, Vol. 71, 2013, pp. 334 – 343.

③ 张新勤：《国际海洋科技合作模式与创新研究》，《科学管理研究》2018 年第 2 期。

④ 郭宝贵、刘兆征：《我国海洋经济科技创新的思考》，《宏观经济管理》2012 年第 5 期。

经济的响应较强。二者之间的响应关系在各个地区呈现出不同状态，具有多样性的特点。[①] 王艾敏认为海洋经济对海洋科技有持续的支撑作用，海洋经济的发展会带动海洋科技的进步，二者间具有互动关系，彼此不断影响，互为支持，它们的联系具有持续性，但缺乏明显的作用效果。彼此具备影响力，但作用力度不对称。海洋经济和海洋科技之间有着必然关系，相互协调，但就我国目前情况来看，协调能力有所欠缺，实践上虽然可以相互促进，却远未达到理想效果，可见海洋科技进步和海洋经济发展的良性循环还需要进一步努力才能实现。最后根据研究结果提出了相关建议。[②] 乔俊果等认为海洋经济的快速增长与海洋科技投入的大幅度增加具有相关性。政府支持力度加大，不断增加投入，对海洋经济发展具有显著的正向效应，其弹性系数约为劳动力的增长弹性系数的 2 倍，二者均小于固定资产投资的弹性系数。[③] 谢子远认为海洋科技在海洋经济发展中起到重要作用，使它们的影响力增加，有利于推动技术投入升级，促进海洋经济发展。[④] 翟仁祥认为我国沿海地区海洋经济仍然表现为资本、劳动双要素投入驱动型。从优化主要海洋产业比重、调整海洋经济要素投入构成、提高海洋科技成果转化效益、发挥海洋科技人才主体作用等 4 个方面提出加快发展海洋经济的对策和措施。[⑤] 马仁锋等针对长三角地区进行研究，发现不同地区的协调度有所不同，彼此之间存在显著差异，各影响因素发挥的作用并不统一。上海地区受国际金融危机影响较重，海洋科技 - 经济协调

---

① 孙才志、郭可蒙、邹玮：《中国区域海洋经济与海洋科技之间的协同与响应关系研究》，《资源科学》2017 年第 11 期。

② 王艾敏：《海洋科技与海洋经济协调互动机制研究》，《中国软科学》2016 年第 8 期。

③ 乔俊果、朱坚真：《政府海洋科技投入与海洋经济增长：基于面板数据的实证研究》，《科技管理研究》2012 年第 4 期。

④ 谢子远：《沿海省市海洋科技创新水平差异及其对海洋经济发展的影响》，《科学管理研究》2014 年第 3 期。

⑤ 翟仁祥：《海洋科技投入与海洋经济：中国沿海地区面板数据实证研究》，《数学的实践与认识》2014 年第 4 期。

度受到影响；浙江地区前期发展较慢，增长速度不理想，但后期逐渐调整，居领先地位；江苏省海洋科技—经济发展协调度最优。[①]此类文献也为进一步深入分析海洋科技创新和海洋经济发展问题提供了有益的启示。

六　文献评述

本书查阅大量文献，对其进行归纳整理，总结目前研究领域的各项成果，发现仍有不足之处，需要继续研究，具体内容如下。

第一，研究内容。对于海洋经济高质量发展研究刚刚开始，对于海洋经济高质量发展的概念，内容以及提升策略的研究，都亟须探讨。海洋经济领域的研究众多，但是针对海洋科技创新与海洋经济高质量发展关系的研究成果有限，与其他领域相比存在明显差距。在海洋科技创新与海洋经济发展关系的研究中，阐述机理或理论的较少，研究实证关系的较多。R&D 内生增长理论的引用在一定程度上丰富了相关理论，但大多应用于国家总体层面或工业领域，在海洋领域相对较为少见，无法有效对海洋经济的发展提供解释。关于海洋领域的研究众多，内容涉及较为广泛，但针对海洋科技创新的研究较少，关于其驱动海洋经济发展的理论尚不成熟。从国内文献情况来看，主要以实证检验为主，引入了经典理论分析，获得了诸多实证结果。这些研究集中于实证领域，缺乏影响机制的研究，不能很好地解决实际中存在的问题。关于二者之间存在的关系国内研究相对较少，许多学者对于相关理论的分析缺乏规范性，在此基础上获得的实证检验结果缺乏理论支持，可信度受到影响。如果能够规范分析理论问题，那么将有助于解释海洋科技所起的作用，明确其在海洋经济高质量发展中所处地位，从而清晰地显示出二者之间的关系；人们也可以更清楚地了解海洋科技创新的作用，理解其如何逐步成为提高海洋经济高质量发展的武器。国内学者对这些

① 马仁锋、王腾飞、吴丹丹：《长江三角洲地区海洋科技——海洋经济协调度测量与优化路径》，《浙江社会科学》2017 年第 3 期。

重要理论缺乏重视，许多文献忽略了相关分析，导致研究无法深入。

第二，研究结论。技术进步离不开科技投入，后者为之提供物质支持，是经济高质量发展的基础所在。上述理论得到学术界的普遍认可，但针对科技投入所产生的影响则结论并不一致，这与研究对象和方法不同有关。笔者查阅了大量国内文献，关于这一课题的研究结论皆为正向相关，呈现明显同质性，海洋经济领域的结果更是如此。查阅大量关于我国海洋经济研究的文献，部分提示其近年呈现递减性发展，与海洋科技投资强度负相关。这些结果给我们以提示，目前海洋科技创新驱动海洋经济高质量发展的驱动效应是否真的与大多数文献的结果一致？从理论上分析，海洋科技创新应对海洋经济起到正面作用，但近些年这种作用逐渐变小，甚至呈现不显著状态，导致这一实证结果的原因何在？需要对此深入分析，探寻背后根源，展开深层面的探讨。关于海洋科技创新驱动海洋经济高质量发展的驱动作用研究众多，学者们针对各种影响因素进行分析，但整体较为零散，选取随意，缺乏理论支持，客观性明显不足，检验方法不统一，存在诸多问题。对此我们需要深入思考，以我国海洋科技创新与海洋经济高质量发展为研究对象，展开理论研究和实证检验，从深层次加以分析，获得更科学的结论。

第三节　研究思路与框架

本书的研究思路：本书通过提出问题、分析问题和解决问题的思路来构建论文框架。首先，从海洋科技创新与海洋经济高质量发展的现状入手，探析阻碍海洋科技创新驱动海洋经济高质量发展的问题，并研究海洋科技创新驱动海洋经济高质量发展的机理。其次，分析海洋科技创新驱动海洋经济高质量发展的影响因素，通过对2006—2015 年我国沿海 11 个省区市的面板数据进行实证检验。最后，在数据分析结果的基础上，借鉴国外经验提出了相应的政策建议。

在此基础上，用流程图展示研究思路（见图1-1）。

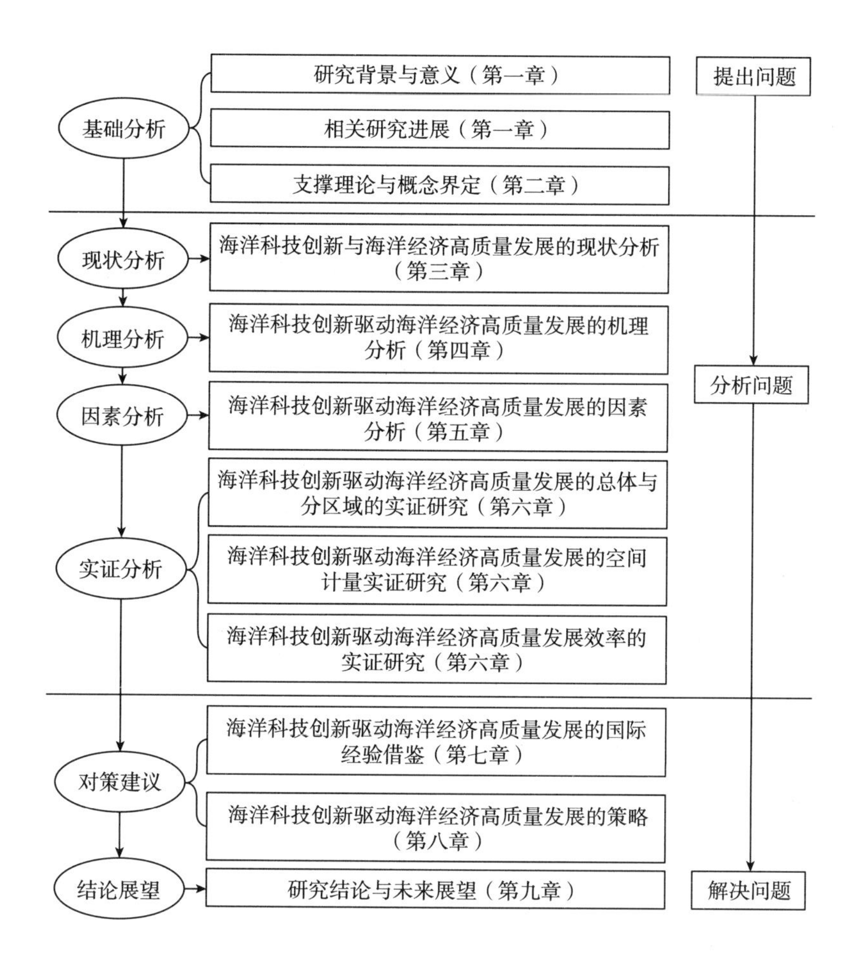

图1-1　本书研究的技术路线

第四节　研究目标与内容

一　研究目标

本书的研究目标总结如下。

（1）构建海洋科技创新驱动海洋经济高质量发展的理论分析框架，通过文献归纳与理论梳理，分析海洋科技创新驱动海洋经济高质量发展的理论机制，并对海洋科技创新与海洋经济高质量发展进行系统性考察。

（2）通过不同视角，探析海洋科技创新驱动海洋经济高质量发展的作用机理。

（3）运用门槛面板模型，研究海洋科技创新驱动海洋经济高质量发展的因素分析。综合运用多种现代经济计量方法，从多个维度全面深入分析科技创新作用于海洋经济高质量发展，探讨海洋科技创新驱动海洋经济高质量发展的作用机制。尝试对海洋科技创新如何有效驱动海洋经济高质量发展这一问题提供解释。

（4）根据理论与实证分析的结果，提出优化政府海洋科技创新驱动海洋经济高质量发展的途径和有利于制定政策的建议。

二　研究内容

全书共分为九章，以下是各个章节的具体内容。

第一章，绪论。阐述本书的选题背景与意义，国内外文献评述，研究的主要目标，研究的主要内容和思路框架，并介绍本书的研究方法，以及可能的创新之处。

第二章，海洋科技创新驱动海洋经济高质量发展的理论基础。本章对海洋科技创新驱动海洋经济高质量发展的相关理论、海洋科技创新的内涵、海洋经济高质量发展的内涵以及海洋科技创新驱动海洋经济高质量发展的作用研究进行了简要回顾与阐述。

第三章，我国海洋科技创新与海洋经济高质量发展的现状分析。首先是海洋科技创新方面，分别从海洋科技创新投入和产出两个方面进行分析。其次是海洋经济高质量发展方面，分别从全国海洋经济高质量发展、主要海洋产业发展和区域海洋经济高质量发展方面进行分析。最后是对阻碍海洋科技创新驱动海洋经济高质量发展的问题分析。

第四章，海洋科技创新驱动海洋经济高质量发展的机理分析。

本章对海洋科技创新的形成机理，以及海洋科技创新驱动海洋经济高质量发展的作用机理进行分析。

第五章，海洋科技创新驱动海洋经济高质量发展的因素分析。本章运用门槛面板模型，探讨海洋科技创新驱动海洋经济高质量发展的因素分析。

第六章，海洋科技创新驱动海洋经济高质量发展的实证研究。本章分别运用新古典经济模型、空间计量模型、三阶段 DEA 模型对海洋科技创新驱动海洋经济高质量发展进行实证研究。

第七章，海洋科技创新驱动海洋经济高质量发展的国际经验借鉴。本章以美国、日本、英国、法国、加拿大和澳大利亚为研究对象，分析了这些国家海洋科技与海洋经济互动发展情况，对这些国家的经验和做法进行了总结分析，以资借鉴。

第八章，海洋科技创新驱动海洋经济高质量发展策略。本章结合前文的理论分析和实证检验结果，提出相应的海洋科技创新驱动海洋经济高质量发展策略：完善海洋科技创新法律法规、调整海洋科技整体布局、构建海洋科技研发机制、健全有效的市场竞争模式、加大海洋科技创新的投入、培养多层次的海洋科技人才、加速海洋科技创新成果转化和加强海洋科技创新合作。

第九章，结论与展望。本章总结全书，结合前文的理论分析和实证检验结果，对本书的主要结论进行归纳总结，并提出了值得继续改进和扩展的研究方向。

第五节　研究方法

一　文献查阅法

查阅海洋科技创新与海洋经济高质量发展的相关文献，对海洋科技创新与海洋经济高质量发展的现状进行梳理和分析，为海洋科技创新驱动海洋经济高质量发展的路径研究奠定基础。通过查阅各类年鉴等方法收集整理相关数据。

二　规范研究方法

在构建海洋科技创新驱动海洋经济高质量发展的机制分析框架时，运用演绎和归纳的规范研究方法，对海洋科技创新与海洋经济高质量发展相关理论进行总结和演绎，对海洋科技创新与海洋经济高质量发展的理论关系进行分析。

三　实证研究方法

综合运用现代计量经济思想和方法，包括门槛模型、新古典经济模型、空间计量模型和三阶段 DEA 模型等数量经济方法，对海洋科技创新驱动海洋经济高质量发展效果进行实证研究。

第六节　研究创新

本书的主要创新在于：

（一）研究内容创新：关于海洋经济高质量发展的研究刚刚开始，本书填补了海洋科技创新驱动海洋经济高质量发展研究的空白。本书首次尝试对海洋科技创新驱动海洋经济高质量发展进行研究，建立一个包含理论、实践以及实证三个层面的较为完整的分析框架，从海洋科技创新驱动海洋经济高质量发展的作用机理、作用途径以及作用效果和作用特征等几个方面，多层次、多角度、较全面地剖析海洋科技创新驱动海洋经济高质量发展。

（二）研究视角创新：尽管少数文献初步研究了科技对经济影响的区域差异，但并未深究其原因。本书基于不同区域、不同时期的估算和检验海洋科技创新驱动海洋经济高质量发展的差异化作用，并探究差异性产生的原因。

第二章　海洋科技创新驱动海洋经济高质量发展的理论基础

第一节　相关理论

一　经济发展理论

科技进步对于经济的发展至关重要，这一观点已经得到广泛认可，科技是第一生产力，也是决定一个国家综合实力的关键所在。科技进步是促进经济发展的动力，这一理论经过漫长的时间而最终被认可，作为首要促进因素其作用无可替代。科技的作用在经济增长理论中可见一斑，因此需要从理论的角度来探讨。[①]

（一）古典发展理论

经济增长问题最早出现于古典政治经济学派，李嘉图为代表人物。他将生产三要素确定为资本、劳动投入与土地。社会生产中各个要素都会发挥作用，资本积累，但人口和土地减少。如果资本和劳动投入增加，那么边际产出减少，土地减少，地租增加，成本发生转移，进而体现在土地产品当中，使其价格上升，工人需要更多的收入保证生活，必然会增加货币工资，使得厂商支出成本增加，利润随之减少，土地成本同时也在减少。随着利润的不断减少，达

---

① 杨小凯：《发展经济学——超边际与边际分析》，张定胜、张永生译，社会科学文献出版社 2003 年版。

到一定界限时资本将要做出反应，使得资本投入发生变化，控制累积量，那么将不利于经济发展，使得其处于停滞状态。如果资本较多，不断积累，将其用于技术创新方面，使其得以提高，进而带动生产，反过来又促进资本积累，形成良性循环，再次推动技术发展，劳动力得以提升，同时又有助于资本积累，使其不断扩大，促进经济发展。发展的作用取决于多种因素，彼此之间有此消彼长的关系，博弈的结果决定着未来的方向，使得利润增加，对经济产生影响。李嘉图发表自己的看法，认为技术进步就可以起到正面效果，促进资本主义经济发展，此时有资本积累，但后者的作用可以减少收益递增；当二者不断博弈，后者占据优势时，资本主义经济受其影响，呈现出停滞状态。该理论虽然提及技术进步，但并没有就它的作用作深入分析，也没有进一步研究，得出相关结论，整体涉入不足。

（二）新古典增长模型

对于科技进步的认识逐渐深入，技术革命带来了新的契机，科技的作用显现，开始成为研究者的关注点，呈现出快速发展趋势。西方经济学家致力于此，将多种方法引入研究当中，通过模型展现出来，探讨技术进步对经济增长的作用，新古典增长模型影响最大。

20 世纪 50 年代，西方的一些学者开始在新古典学派原理基础上提出新古典增长模型。模型仅仅引入了两个要素，即资本和劳动，二者彼此可替代，如果资本减少，那么可以增加劳动投入，维持原有产出。在上述前提下，两方面的投入逐渐增加，但产出并未发生改变，导致单位投入产出变少，最终体现在边际报酬上，呈现出逐渐递减趋势。如果两方面投入同比例增加，产出也会同比例增加，规模报酬不变。再将市场等要素引入其中，在实践当中厂商只是价格的被动接受者，市场在其中起到均衡作用，是制约价格变化的因素，同时也对厂商起到调节作用，使其规模不断变化。对于单个厂商来说，本身缺乏议价能力，工资率和利润率为劳动与资本的边际生产力。

在这一模型中经济增长受多种因素影响，资本与劳动的增长率固然被纳入其中，同时其包含着技术进步，后者起到决定性作用。技术进步作为单独性因素被纳入经济增长理论当中，探讨其与经济增长之间的关系，并且将其完整描述出来，分析其背后原因并做出解释。该模型改变了已有的传统看法，单独提出了进一步服务，探讨其对经济增长的效果，本身是一个进步，但是作为独立因素却有所欠缺。投资增加和技术进步本身有着天然联系，分析过程中不可截然分开，因此需要进一步完善和纠正。

（三）新经济增长理论

20 世纪 60 年代，随着理论的发展一些学者有了不同见解，他们认为技术进步不能作为外生变量而存在，开始做其他的尝试。阿罗将其作为经济增长模型内在因素分析，提出“边做边学”模型。这在原有的理论上又进行了突破，打破了框架的束缚，提出内生增长模型，内生经济增长理论随之诞生。相对于原有理论，最终显示规模报酬不再递减，技术进一步发挥重要作用，使其呈现递增状态。

这一理论的提出正视了技术进步所带来的作用，它是经济增长中的重要力量，通过内生化成为内生变量，有助于提高投资收益，使边际生产率递增。知识积累与投资之间本身存在必然联系，相互促进，不断提高，形成良性循环。

二　创新理论

创新理念在 20 世纪初就已经提出，约瑟夫·熊彼特在《增长财富论——创新发展理论》[①] 中对此进行了详细介绍。他在著作中首先提出创新，成为创新理论的起源。熊彼特详细解释了创新的内涵，并将这一概念与经济发展结合起来，指出创新在其中发挥的重

① ［美］约瑟夫·熊彼特：《增长财富论——创新发展理论》，李默译，陕西师范大学出版社 2007 年版。

要作用，并在此基础上提出了技术创新理论。熊彼特的成果为未来的研究奠定了基础，但也存在一定的不足，对于技术创新的范围他并没有给予明确。《经济周期》是他的另一部著作，对之前的理论又进行了补充。作者认为创新主要有5种表现形式，其使企业进行生产要素重组，目的是获取最大生产利润。这些形式主要体现在如下方面，如全新产品的生产，或者在已有产品上进行开发，使其潜在的新功能表现出来；也可以从生产运作方法上入手，对其不断改进，调整管理结构，使之更符合发展要求；新市场的开发也是重要方面，通过这种方式使产品和服务进入新领域，从而得到更好发展；还可以从原材料供应商入手，采取各种方法加以控制，或者直接对原材料来源进行控制，从而有效降低成本，还可以寻找新的供应源来替代；变革工业运作组织，打破既往市场格局，消除垄断局面，有助于获取最高利润。

熊彼特对企业的创新活动进行阐述，在他的研究中引入技术创新模型，指出运用上述生产手段与发明活动并不相同。他认为创新与发明存在本质区别，同时强调了企业家在其中所起到的作用。在此基础上又提出了熊彼特创新模型Ⅱ，即大企业创新模型，在该模型中重点强调了大型企业所发挥的作用，相较于以往模型去除了企业家这一因素，对企业创新原因进行阐述。他明确提出了已得利润或损失是企业创新的根源所在，在创新方法和手段方面与之前相同。新模型中技术创新发生变化，主要分为内生和外生两部分，其中企业内部研发机构负责承担内生技术创新。[①] 熊彼特的贡献在于其创新理论和创新模型方面，在此基础上发展出技术创新理论。国外许多学者致力于相关研究，大大丰富了技术创新理论。总结他们的成果，主要集中于两方面：一是技术创新经济学。这一理论主要侧重于技术变革与推广，代表人物如施瓦茨等。二是制度创新经济

---

① Cookp, "Hans - Joachim Braczyk Hjand Heidenreich", Regional Innovation System: The Role of Governancein the Globalized World, London: UCL Press, 1996.

学。该理论主要注重于制度变革，探寻其形成与经济增长之间的关系，代表人物如舒尔茨等。

对技术创新动力源泉进行研究，探寻引起技术创新的因素个数，形成了相关理论，主要包括一元论、二元论和多元论。一元论主要由多种模式构成。在20世纪60年代前，技术推动模式成为主流，理论上认为技术发明促进技术创新发展，市场需求并不占据主要位置。通过技术创新可以生产出更适合的产品，满足市场需求，为市场提供相应服务。市场需求拉引模式的发展则打破了上述局面，Rothwell为其中的代表，该理论所得出的结果恰恰相反，认为市场需求是促进技术创新的动力所在。随着苏联技术创新模式的推广，相关理论逐渐被学者们接受，进而形成了行动计划推进模式，其特点在于强调政府在其中所起的作用，是技术创新的动力所在。多斯提出了技术规范—技术轨道模式，主要强调技术轨道的动力作用，在技术创新中发挥重要功效。N－R关系模式中因为技术变革的动力来自资源供给与社会需求的不平衡，二者的不协调性是动力源泉所在，该理论由斋腾优提出。许多学者提出了一元论学说，但他们的结论却存在分歧，虽然皆认为单一因素起到推动作用，促进技术创新，但对这一因素的看法却有着差别。这些研究虽未获得统一结论，但实际上却推动了技术创新理论的发展，在此基础上提出了二元论学说。早在20世纪70年代末，莫厄里等就提出“双重推动模式”，认为技术创新的原动力并不局限于某一因素，而应是技术推动和需求拉动共同作用的结果。80年代末芒罗等对900多个企业进行调查研究，获取相关数据，分析它们的科技创新活动，结果发现超过一半企业的原动力来自技术和市场，是二者共同作用的结果。此后多位学者的成果不断面市，他们的研究日益深入，最终动摇了技术创新二元论，多元论随之被提出。多元论同样认为技术推动是技术创新的动力所在，市场需求拉动发挥重要作用，除此之外不排除其他因素的影响。针对学者们研究成果进行分析，发现三元论中加入了行政推动力这一因素，其中着重强调政府的作用，同样也影响着技术创新；四元论中加入了企业家创新偏好这一因素；五元论则强调了组织结构变换的影响，社会在其中发挥重要作用，技术的影响不容忽视，经济同样具有推动效能。经历数十年发展，技术新动力理论发生了巨大变化，目前仍在不断丰富，如果能将其运用在实践当中，发挥动力作用，带动技术创新，将有利于技术进步，更好地推动经济发展。

三 区域不平衡增长理论

（一）增长极理论

增长极理论由众多学者发展并完善，目前已经得到充分发展。这一理论认为，经济的增长具有不同步性，各地区之间存在差异，往往首先体现在某个增长点或增长极上，不会同时出现。增长极本身具有推动作用，进而波及周围区域，而这种推动力量又受其他因素影响，“极化效应”与“扩散效应”之间存在动态平衡，形成力量对比，决定着最终的推动力，净溢出效益的大小和方向不同则结果存在差异。现实中有多种生产要素，当它们向增长极汇聚就会产生极化效应，如果向外围转移则形成扩散效应。佩鲁认为创新影响经济增长，使其呈现不平衡状态，对于一个区域来说，可以充分发挥增长极的作用。发展过程中首先选择一些区域，它们在某些方面具有优势，因而更容易取得成功，形成增长极，再利用其扩散作用带动周边，最终影响到整个区域，实现全面发展。同时他还提出了点极模式，这对于经济发展同样至关重要。“增长极”可以利用自身优势，通过扩散效应影响周边地区，这是其积极的一面，同时也要认识到存在消极一面，它可能对周边地区产生不利影响，进而波及整个区域。

（二）联系效应理论

联系效应理论的提出者为赫希曼，他将自己的理论写入著作当中，核心在于把不平衡增长战略看作经济发展的最佳方式。他同样认为，各区域发展不可能完全同步，彼此之间必然会存在不平衡，其中一些区域可能占据领先地位，成为增长点，而另一些区域将成为经济增长的巨大动力。他认为在实际发展过程中，本身存在不平衡，一个或几个区域处于领先地位，得到率先发展，而它们将会成为整个区域发展的推动力量，因此需要集中各种资源，帮助它们率先发展，从而成为带动其他区域发展的巨大动力，最终实现全面发展。这种不平衡发展会产生效应，赫希曼对此进行分析，将其分为极化效应和涓流效应。极化效应来自率先发展区域的优势，其中包括诸多方面，从利润到效率、从生产到投资都隶属于此列，其必然会对最后地区产生吸引力，使更多的生产要素集中起来，自身发展形成区域间的极化状态，经济差距逐渐拉大，最后产生极化效应。涓流效应是指领先地区对滞后地区的影响。由于领先地区的需求，大量资金和人力由滞后地区向其转移，对其余的地区也会产生推动作用，提高劳动生产率，带动人均消费水平，从而使两个区域之间的差距有所减少，最终产生涓流效应。两种效应受市场影响，实践中更趋向于极化效应，区域间的差距由此不断扩大。

（三）循环累计因果理论

循环累计因果理论被提出后，又经历了多年发展，最终具体化为模型。该理论认为区域之间存在差距，有一些占有优势，因此可以凭借其发展，相对于其他地区更为超前，在此过程中会超越其他地区，形成巨大反差。而落后地区没有优势，始终无法改变自己的落后状态，在发展过程中差距越来越大，从而形成了巨大的地区经济差距，这是地区性二元结构的基础。对于两类地区来说，由于优势不同，发展过程中形成两种相反效应。一是回波效应，发达地区凭借自身优势吸引更多资源，导致资本与人力的大量集中。二是扩散效应。回波效应也带动了资本与技术的流动，不发达地区受其影响，逐渐发展起来，发挥促进作用。这一理论从两方面看待差距，与以往理论相比具有先进性。地区之间的不平等现实存在，将大量的资源集中于优势地区，促进其快速发展，则必然会对其他地区产生影响，使它们更处于劣势，发展速度减慢，从而加剧了不平衡，导致极化状态出现。面对这种情况，不发达地区必须做出响应，政府要审时度势，制定相关政策，发挥指导作用，通过自身努力来缩小差距。

（四）梯度推移学说

梯度推移学说建立于产品周期理论之上，地区之间发展不平衡，必然会形成“梯度”。该理论认为，如果区域经济主导部门先进程度较高，必然会形成优势产业结构，带动经济发展，因此前者是区域发展的决定性因素。对于先进程度的判断可以用产品周期理论将其进一步分类，其中第一种为兴旺部门，往往处于产品周期的前端，此时通过创新获取新产品，逐渐成长起来；第二种为停滞部门，此时产品已经完成成长，逐渐向成熟过渡；第三种为衰退部门，此时产品已经成熟，开始走向衰退。主导部门状态取决于所在区域，如果是兴旺部门则位于高梯度区域。产业结构是否合理对于区域经济发展至关重要，该理论的提出为后续研究提供指导，具有重要意义。

（五）中心—外围理论

“中心—外围理论”最早出现于20世纪60年代。该理论认为区域之间的发展必然会不平衡，一些区域会位于领先地位，导致这一现象的原因众多，但最终结果将形成“中心”，“外围”只有其他区域组成，经过反复发展，逐渐变成这一局面。这一理论角度看待经济系统，主要由中心和外围构成，二者之间存在差距，中心具有一定优势，因此更有利于发展，它们在贸易中占有更多条件，拥有更先进的技术，创新能力较强，同时政策也给予倾斜，最终必然会提高经济效率，在系统中占据优势，经济的发展使结构发生改变，多核结构成为主流，政府要在其中发挥重要作用，在政策上进行调整，从而实现一体化发展。

（六）倒U形理论

该理论最早出现于20世纪60年代，其发展共分为三个阶段。第一阶段，区域间差距呈现动态变化，开始时相对较小，但受经济发展影响，逐渐呈现扩大趋势，不平衡状态愈加明显，形成不均衡增长态势。第二阶段，区域间发展不平衡再次发生改变，一改以往的剧烈变化，逐渐趋向稳定。第三阶段，经济发展逐渐成熟，区域差异也随之发生变化，差距日益变小，呈现平衡发展状态。区域发展受经济增长影响。

（七）输出基础理论

输出基础理论最早出现于20世纪50年代，诺斯为提出者。该理论认为输出产业的增长会带动区域经济增长，而区域外生需求是原动力所在。可以面对区域的输出产业和服务，当输出增多时必然会带来收入的增多，区域进口也必然受到影响，从而得以扩大，进而带动相关非输出产业，实现全面发展，扩大总体规模，发展区域经济。

第二节　海洋科技创新内涵

一　海洋科技创新的概念

海洋科技隶属于科技系统，因此也适用于科技创新概念。学者们对于海洋创新有着不同的看法，综合他们的研究成果，认为可以将其界定为实践活动，具体落实于制度的安排和组合方面，通过这种方式对个体发挥作用，得到高效协同的效果，使知识得以更新，技术得以进步，工艺得以提升，技能得以变化，进而创造出更高的经济和社会价值，生态价值也大幅度提升。海洋科技创新所包含内容众多，可以总结如下。

第一，属于一体化协作创新，是科学与技术的融合。在以往的研究中二者本身是分开的，但随着演化发展彼此之间开始渗透，形成天然的联系，逐渐融合，紧密作用，进而形成有机整体。当技术与科学无法完全分开时就会产生协同作用，可以将它们用于海洋开发当中，成为不可缺少的工具。海洋创新发展至今，科学与技术已逐渐相互融合，因此需要将它们视为一整体，从新的角度看待问题，打破以往强调某一方面而带来的局限，突破各自的领域，消除既往弊端，解决目前存在的问题，丰富自身的知识，促进科学的发展，为未来学科进步奠定基础。

第二，海洋科技创新与经济社会要素之间的关系。随着社会发展，海洋技术创新已突破以往局限，开始与多种因素结合起来，而这一过程又与经济社会之间存在紧密联系。时代发展带动技术进步，海洋活动成为许多国家关注的目标，政策法规随时出台，科学管理制度应运而生，创新主体内部发生变化，已抛弃以往的运作模式，形成各要素之间的关联性，变革已经不局限于本身，而是整个经济社会的变革，从整体上打破原有局限，突破既往弊端，形成再造局面。经济社会与创新之间的联系是各要素之间的关系，创新设计在每一部分，只有站在整体的角度去研究，开阔视野，正确认识海洋科技创新，才能有效发挥创新的作用。

第三，“显著效益”是创新的目的，也是重要的标志。海洋创新带来的成果只有通过实现价值来体现，当完成成果转化时就会在市场上体现出来，通过价值判断创新效果。有一些成果虽然不能直接反映于市场，但是也能够用于社会判断，采取其他的形式确定是否创造了更多价值，而这些大多体现在社会效益和生态效益方面。

二　海洋科技创新的基本方式

对海洋科技创新进行研究，探寻源头所在，寻找有效方式，主要包括模仿创新、合作创新和自主创新三种。它们彼此紧密相连，在实践过程中难以分割，共同发挥作用，如果没有自主创新能力，那么就谈不上模仿与合作创新；许多创新是在模仿创新的基础上出现的，通过模仿提升自身能力，这样才能够满足自主创新需要。分析海洋技术创新根源，三种模式共同发挥作用，各自特点鲜明。

模仿创新中第一步在于模仿，当行业的领先者创造出科技成果后，创新主体可以通过模仿的方式进行学习，掌握相关方法，从而拥有这些技术，它们可以是相关研究机构，也可以是企业，通过引进的方式拥有技术，或者是购买技术，甚至是破译相关技术密码，从而提升自身技术水平。当模仿完成后就是创新的过程，新技术并不适用于任何情况，或者存在一定不足，因此需要在实践的基础上不断改进，使其更为完善，这就是创新。创新的主体以企业为主，彼此之间可以形成新的联系，也可以与科研机构合作，通过不同组织方式来完成创新过程。组织内成员之间存在彼此联系，关系并非一成不变，供需关系相对常见，相互竞争也难以避免。合作是在共同的基础上完成的，彼此都拥有一部分资源，共享是合作的根本，互补是合作的前提，它们有着明确目标，在合作中遵循一定规则，一定期限内完成。合作各方需要在组织内发挥作用，按照规定共同完成投入与参与过程，也需要共担风险。这些创新主体在获取自主知识产权后会进一步研发出新产品，并将其投入市场当中，从而创造更多价值。自主创新成果可以在多方面体现出来，从知识到技术，从产品到品牌，都是其中重要内容。自主创新活动本身具有自己的特征，首先是技术的突破，随着这些创新主体的投入与参与，技术不断积累，在一定程度上处于领先地位，因此具有内生性，相对于其他创新模式来说其缺乏直接支持。

全球经济发展势不可当，科技竞争成为主流，各国之间不断争夺市场，技术贸易壁垒愈加强大，如何能在科技上得到突破，摆脱发达国家束缚，拥有独立竞争能力，在科学技术上有所发展，必然会有助于提升自身竞争优势，在国际贸易中拥有更强大地位。这是每一个国家的发展目标，对于我国同样如此，科技自主创新则是有效的实现手段。从目前情况来看，可以分为原始创新、集成创新和引进消化吸收再创新三种类型，也是整个框架的重要构成要素。

海洋科技原始创新是指自行研究开发海洋技术和产品，承担创新的主体可以是国家，也可以是企业，通过自己的学习和活动而获得，拥有自主知识产权，主动对海洋科技进行探索，掌握前沿技术，在技术上有所突破，从而使整体水平大幅度提升。原始性创新所取得的科技突破来源于自身积累，由自己努力获取，是知识与实践的有效融合，是创新的最终体现，只有这样才能使组织在技术上得以提升，拥有领先地位，从而在市场上更占优势。

海洋科技集成创新是创新主体的主动活动，他们将各种创新要素整合在一起，不断进行优化，形成合理结构，使创新性进一步提升，从而适应现代发展，有更高水平的优势，从技术到战略，从知识到组织，都被纳入其中，形成有机整体。集成创新的优势在于对多项成果的有机结合，在此基础上进行创新，从而形成突破，提高科技水平，增加组织的优势，在领域中占有更高地位，拥有自主知识产权。

海洋科技引进消化吸收再创新是指在改进的基础上创新，各组织同样采取的是主动创新活动，它们引进先进技术，为组织内所用，将各项成果纳入其中，拥有先进的技术及工艺，兼收并蓄，以此为基础不断改进，从而完成创新过程。这种创新活动同样是自主创新，特点就在于先引进后创新，在原有的基础上进行突破，并不是停留于吸收阶段，也不仅仅满足于可以使用，否则就谈不上自主创新。

当代社会竞争无处不在，国家间呈现白热化趋势，在科技领域同样如此，如何能够立足，为自己赢得更高地位，创新能力是关键所在，尤其是自主创新能力。一个国家在这方面如果具有主动性，能够大有作为，那么必然会促进自身经济发展，提高社会整体水平，主动赢得国家安全上的先机。海洋开发已经成为21世纪重要的活动，各国在这方面纷纷加大力度，我国也不甘落后。我国有着漫长的海岸线，作为海洋大国资源丰富。要提高海洋技术水平，在竞争中占有优势，就必须有效利用自主创新，促进科技发展，提升自己的地位，才能赢得更多市场。

第三节　海洋经济高质量发展的内涵

一　海洋经济的概念

当今时代海洋开发活动越来越活跃，海洋经济成为各国关注目标，也催生了研究的逐渐开展。伴随着研究的深入，人们对于海洋经济的认识日益完善，相对以往时代也有所不同。越来越多的国内外学者致力于此，他们从不同角度进行研究，涵盖不同范围，采取不同方法，提出了海洋经济的概念。虽然众说纷纭，却也有一定共性，具代表性的有：

第一，国外对海洋经济概念的界定。对于海洋经济的研究国外起步较早，但大多是从陆上经济的角度出发，没有给出明确定义，也没有专门的描述。随着各国海洋活动不断开展，相关的研究也日益深入，越来越多的国外学者致力于此，从多角度不断探讨，探寻其中的内涵所在，海洋经济涵盖范围越来越广。其中有一些学者提出了海洋经济概念，如美国海洋政策委员会认为海洋经济就是一种经济活动，围绕海洋展开，依赖其属性，同时依赖于海洋进行生产投入，或利用其地质优势展开活动，这种经济活动既可以在海面上进行，也可以发生于海底。

第二，国内学者对海洋经济内涵的认识。国内学者在海洋经济研究方面虽然起步较晚，但是随着海洋活动的展开也逐渐重视起来，相关研究日益深入，他们不断吸纳国外学者的思想，借鉴他们的方法，引入他们的理论，在此基础上提出自己的看法，因而具有多样化特征。国内学者的认识主要集中于以下几方面：（1）认为是开发利用海洋产业及相关活动的总和。（2）认为是人类开发利用海洋资源过程中各种活动的总称，从生产到经营再到管理，都隶属其中。（3）认为是以海洋为活动场所和以海洋资源为开发对象的各种经济活动的总称。①（4）认为海洋经济是以海洋为中心形成的经济，开发活动围绕海洋及其空间进行，生产加工海洋资源，从开发到利用，从保护到服务都隶属其中。当社会经济发展到一定程度时，人们将目光指向海洋，希望从中获得更多收益，满足自身需要，此时

---

① ［美］约瑟夫·熊彼特：《经济发展理论》，何畏、易家详等译，商务印书馆 1990 年版。

海洋及其资源就能变成劳动对象，经过一系列经济活动后从中获取物质财富，所有这些过程都被纳入海洋经济当中。它实质是海洋开发的物质成果。[①]（5）海洋经济是以海洋为中心的各种经济活动的总称，其活动场所为海洋空间，利用对象为海洋资源。随着人类的需要不断增加，海洋活动日益广泛，海洋经济逐渐发展起来，利用海洋空间成为必然趋势，开发海洋资源也广受关注，人们将其作为劳动对象展开生产活动，进而获得物质产品。海洋经济围绕海洋进行，这是和陆域经济相区分的关键所在，可以以此来界定海洋经济内容。海洋经济与海洋具有关联性，以此为出发点进行分类，具体如下：①狭义海洋经济。单纯利用海洋的经济，仅包括水体本身、资源以及空间。②广义海洋经济。狭义的海洋经济包括其中，另外还有上下接口产业及通用设备制造业等，与海洋有关的经济活动都属于此列。③泛义海洋经济。所涵盖的范围更加广泛，除了上述所提及的海洋经济以外，与其有关的陆域产业和内河经济也被包含其中，即海岛经济和沿海经济。（6）海洋经济是指与海洋存在特定依存关系的经济总和，所包含范围较广，从活动场所到销售对象、从资源依托到区位选择、从服务对象到初级产品原料都是其重要内容。[②]

总结学者们的研究成果，我们对海洋经济进行定义，认为是与海洋开发有关的各类产业及相关经济活动。人们对海洋进行开发利用，最终的目的是获取经济效益，充分利用海洋空间，有效开发海洋资源，围绕海洋展开各种活动，所有过程都隶属于海洋经济。[③]

由此明确海洋经济概念，并对其进行深入分析，发现所有活动与海洋环境和资源密切相关，并不是单纯的陆域经济延伸，而是围绕海洋进行的经济活动，具有其独立性。

---

① 沈满洪、李建琴：《经济可持续发展的科技创新》，中国环境科学出版社 2002 年版。

② 杨金森：《中国海洋经济研究》，海洋出版社 1984 年版。

③ 孙斌、徐质斌：《海洋经济学》，山东教育出版社 2004 年版。

二　海洋经济高质量发展的概念

综观海洋经济增长，其变动形式主要集中在如下方面，一种是以海洋技术条件不变为前提，增加资源要素的投入可以带动产出规模的增长。另一种是加强海洋技术管理创新，有效利用海洋资源，提高要素配置效率，将会增加产出，提升产品品质。此类情况并非以增加海洋资源投入为前提，即使增加也数量有限，但最终仍会带动海洋经济增长。

我们可以从不同角度对海洋经济高质量增长进行解释。狭义上认为其是海洋经济体对海洋资源要素的有效利用，它们采取科学的方式，充分利用海洋科技，有效配置资源要素，提高利用效率，放弃原有的粗放经营方式，逐渐向集约节约经营方面转化，从而大大提高了各要素的利用率。实现海洋经济高质量增长，可以体现在产出方面，充分利用先进科技，提高管理水平，加强技术创新，促进质量与动力变革，使得产出发生巨大变化，品质明显提升，必然也会为经济体带来巨大效益。从广义来看，理解海洋经济高质量发展并不局限于上述方面，同时还需要将各种因素考虑其中，社会、文化的影响必然存在，政治、生态同样不容忽视，为多因素作用的结果。新时代发生新变化，海洋经济高质量发展势在必行，它可以在多方面体现出来，产业的创新性充分显示出这一点；沿海地区的发展有目共睹；海洋经济与其他领域相辅相成，展现出协调性；海洋环境资源同样不容忽视，可持续发展是未来的主调；同时要强调对外开放性和发展成果的共享性。

三　海洋经济高质量发展的特征

（一）空间区域性

海洋经济高质量发展围绕海洋资源与空间展开，是以此为中心的经济活动。首先，人类经济活动必须存在空间载体，因此具有不同的空间属性，海洋经济同样如此。对于海洋经济高质量发展来说，海洋空间就是经济活动的空间，因此也成为经济活动的载体，相对于陆域经济来说，其区别在于该载体为“海域”。人类在这一空间中进行经济活动，因此具有空间区域属性，这一点与陆域经济活动相同，因此也必然要满足空间载体的要求，否则经济活动将失去依托。其次，海洋有着丰富的资源，其数量繁多，种类各异，并不固定某一海域当中，而是各有特征，因此性质也会有所差别，同时海洋又有自身特点，海域间水文、气候不同，彼此之间差异较大。作为空间载体的海域并不完全相同，这就对海洋经济产生影响，需要掌握区域空间特征，并在此基础上进行生产开发活动，才能获取更多物质利益。由此可见，海洋经济高质量发展空间区域性强，特征相对明显。

（二）综合性

海洋经济高质量发展具有综合性特征，可以体现在不同方面。海洋经济要进行资源开发，而海洋资源又具有复合性，只有采取综合开发利用的方式才能够满足现实需求。随着海洋技术的不断发展，专门开发海洋的手段逐渐增加，科技实力大幅度加强，海洋经济所涉及范围越来越广，已经并不是某一部门和行业的经济，而是与国民经济密切相关，涵盖在不同产业当中。以往海洋经济主要局限于渔业和运输业，现在则加入了更多内容，从石油天然气开发到海洋化工，从矿物开采到生物医药，从海洋电力到船舶修造，从海水利用到工程建设，甚至海岸带经济也被纳入其中，形成了完整的经济系统，覆盖范围广泛，与海洋资源和空间相关的生产活动都包含在系统当中。

（三）技术性

社会的发展带动技术进步，科技成果与日俱增，海洋经济领域同样如此，这一方面促进了海洋产业的发展，另一方面也使海洋活动更为频繁。海洋有着丰富的资源，独特的环境，可以为人类社会带来更多财富。如何能够有效开发利用，满足现实需求，对海洋科学技术提出更高要求。人们在海洋活动中不断进行研究，获取丰富的海洋知识，认识上逐渐加深，这将有利于海洋开发，在强度和广度上有所扩展。科学技术是海洋开发的基础，也是重要的工具，其作用无可替代。可以从科技方面入手，加大投入，促进海洋经济高质量发展，提高技术含量，构建科技优势，必然能起到推动作用，带动新兴海洋产业壮大，对传统产业进行改造，使其呈现出新的局面。

第四节　海洋科技创新驱动海洋经济高质量发展的作用

经济发展离不开科技创新，同时也与多种因素有关，资本积累必不可少，劳动投入不可或缺，而其中的关键就是科技创新。纵观西方发达国家发展史，经济发展离不开科技，随着时代演变其贡献率越来越高，20 世纪初仅为 20%，目前已达 80%。对于海洋经济同样如此，没有科技创新就谈不上发展，其主导地位不可撼动，是海洋经济高质量发展的根本动力。拓展新型资源和保证海洋经济高质量发展的资源、环境和生态基础，促进资源循环利用和提高资源利用效率都离不开海洋科技创新，只要在此基础上发展新兴产业，优化产业结构，发展海洋经济，扩大整体规模，才能真正起到引领作用。

一　夯实海洋经济高质量发展的资源基础

海洋资源属于自然资源，它可以以多种形式存在于海洋当中，既可以是物质，也可以是能量，还可以是空间，但都可被人类开发利用，获取更大利益。可以进一步对海洋资源进行分类，生物、矿产、能源、空间的属性各自不同。经济发展离不开自然资源，对于海洋资源同样如此，它是海洋经济高质量发展的基本物质基础，海洋经济主体依托于海洋资源的开发利用。地球上绝大部分为海洋，仅从面积上来看就已经超过 70%，而海洋中又有着完全不同的世界，海域空间为人类提供了巨大物质财富。生物从海洋走向陆地，海域为它们提供生存条件，使其不断发展，丰富的海洋资源成为人类社会赖以生存的资源条件。海洋拥有的巨大财富，如果将这些资源开发利用起来，必然会对人类经济发展做出贡献，同时也改变整个社会。人类的海洋活动由来已久，早期对海洋资源的开发仅限于渔业和运输业，但是随着社会发展这一领域不断扩展，规模进一步增大，效率大幅度提升，获得了巨大进步，而这与科技创新密切相关，与技术进步紧密相连。

海洋拥有丰富资源，有效的开发利用将会改变人类社会，而海洋科技创新在其中发挥重要作用，可以通过这种方式不断发现新资源，扩大利用规模，从而促进经济发展。人们与海的接触由来已久，最早仅限于渔业和运输业，他们在海边拾贝，浅海捕鱼，获取海盐，利用海水通行，虽然生活中离不开海，但利用度极度低下，这与当时的生产力水平相契合，原有的生产工具无法满足更多需要，一切还处于初始状态。这一切在 20 世纪 50 年代开始被打破，许多国家开始关注海洋经济，它们在海洋科技方面加大投入，使其迅速增长，进入飞跃发展时期。大量海洋资源被开发，种类日益增多，规模不断扩大，许多行业涌现，从油气资源到海水利用，从化学资源到能源开发，逐渐向规模化发展。目前已将科技创新引入海洋经济当中，在资源开发利用方面做出巨大贡献，从多金属结核到海底热液硫化物，许多新的资源被开发出来。这些资源已被人们发现，虽然还不能直接转化为商品，但随着技术水平的提升在不久的将来必然会实现。技术问题会随着时间的推移而突破，新资源被有效利用起来，最终将成为海洋经济高质量发展的重要基础。

海洋科技创新所起的作用并不仅限于此，通过技术进步可以提高资源利用率，同样有助于海洋经济高质量发展。海洋拥有着丰富资源，对它的开发利用有利于人类社会发展，但要认识到其“紧缺性”，并非永远不竭。人们对于资源要有深刻认识，更新开发理念，进行循环利用，真正实现总量控制，而要做到这一点就离不开科技创新。人们开发资源就必须要对其有充分了解，通过勘探调查获知总量，做出正确评价，之后再决定开发规模，在时间上进行控制，使其更为协调。现阶段资源的利用并不充分，循环利用是未来的发展方向，这样可以在等量投资的基础上获取更多产品，从而赢得更大经济价值，而科技创新是它的基础，通过科技的支持才能做到这一点。

对于海洋资源要做到开发与保护并重，采取有效方法使其可持续发展，而这就需要科技创新的支持。人们通过海洋经济活动获取资源，发展国家经济，但这一过程也破坏了海洋环境，甚至造成严重后果。生态环境与经济可持续发展密切相关，如果环境遭到巨大损失，最终必然会影响到经济发展。早期的开发并没有认识到这一点，无序的行为造成巨大破坏，发展至今人们开始认识到问题所在，他们正视自己的行为，着手加以弥补，修复以往带来的伤害，加强生态保护，国家也相继出台各项措施，从政策上加以调整，实现综合管理，希望能够修复海洋资源，加强保护，这同样需要科技支持。目前许多学者致力于这方面的研究，并且不断提升技术水平，建立科学体系，修复海洋资源，确保其高质量发展。

二　促进海洋经济高质量发展方式转变

经济增长方式是指方法和模式，其目的是实现经济增长，手段则是生产要素的变化。我国以往经济不发达，在许多方面明显不足，科技发展不尽如人意，对经济增长产生影响，原有增长方式较为落后，以外延式增长为主①，海洋产业发展同样如此。纵观我国海洋产业发展历史，早期主要以渔业和运输业为主，通过粗放经营获取利益，主要表现在规模扩张方面。这种方式虽然可以通过扩大投入而带来效益，短期内规模大幅度增加，但是也带来诸多弊端。不断扩大营业规模，必然会造成资源减少，破坏生态环境，无异于杀鸡取卵。规模扩大又加剧了竞争，所带来的结果是两败俱伤，这必然不利于产业未来发展，这些效果显而易见。以粗放为主的增长

① 张国富：《论技术进步与经济增长》，《北京大学学报》（哲学社会科学版）1997年第3期。

方式虽然在一定程度上带动产业发展，但如今已经成为阻碍，如果不抛弃必然带来负面影响。当今世界更注重可持续发展，这也是未来的主要方向，外延式增长已经不适应时代变化，内涵式增长成为主流。对于资源开发不再是以无限扩张为主，更强调的是资源配置效率，在现有规模上挖掘潜力，保护生态环境，再循环利用，提高综合效益，实现可持续发展。在上述大背景下，产品种类会随之增加，生产效率大幅度提升，在投入不变的前提下获取更大效益，调整产业结构，使其更趋合理化，这些都需要科技创新支持，没有技术进步则难以实现。增长方式的转变对于海洋经济至关重要，只有科技的发展才能带来新的局面，创新在其中的作用无可替代。

在当今时代经济增长不再依靠规模扩大，产品质量的提升是关键所在，升级换代的作用显而易见，没有技术进步则谈不上经济增长。企业为了在市场上获得利益，就需要有效开发海洋资源，对其合理利用，在种类和数量上加以提升，在技术上不断创新，通过促进自身的发展来提升竞争力，从而增加经济效益。我国近几十年的发展，成绩有目共睹，海洋经济取得了巨大成绩，但发展初期相对比较落后，产品加工存在诸多问题，只能靠价格优势进入国际市场，并不利于自身发展。从业者充分认识到产品的重要性，他们引进技术，购买装备，调整产品结构，不断提升产品质量，使其更具有竞争优势。根据2010年统计结果显示，我国成为第一大海水产品出口国。

将科技创新与进步引入海洋产业领域，其所带来的效应就是促使生产率的提高，这必然会为自身赢得更大优势，进而扩大规模，提升效益。对于一个港口来说运行效率至关重要，效率的提升可以带动生产能力，扩大市场腹地规模，进而波及整个产业。为了做到这一点，经营者就需要在管理上加大力度，引入信息网络技术，更新装备设施，引进先进技术，充分利用现有资源。技术的提升促进装备的变革，就会推动港口建设现代化，使其生产能力得以提升，从而获得更大效益。

三　优化海洋经济产业结构

产业结构调整对于经济发展至关重要，这一结论已经得到历史检验，但科技创新与进步是产业调整的基础。人类社会经历漫长发展时期，农业技术发展带动了一次重大变革，以往人们以渔猎为主，处于原始状态，食物无法保证，随着农业技术发展这一切发生改变，农业社会逐渐形成，实现了第一次产业结构调整。第二次产业结构调整的标志是近代工业体系的建立，农业社会经历了漫长时期，18 世纪发生重大改变，蒸汽机的使用使一切有所不同，工业社会随之到来。时间的车轮来到了 20 世纪中叶，更多的新技术应用于实践当中，电子计算机被发明出来，大大改变了人们的生活，也使第三产业得以发展，服务业逐渐成为主流，第三次产业结构调整出现，这是人类社会的重大变革，呈现出新的面貌。从产业结构演进变革来看，每一次都与科技创新密切相关，都与技术进步紧密相连。

科技创新的影响无处不在，是产业结构变革的主要动力，进而带动了经济发展，对于海洋经济同样如此，产业领域也会随之不同。海洋经济产业实质是生产和服务部门，与海洋资源密切相关，开发、利用、保护都隶属于其中。对于海洋产业来说同样可进行分类，分类标准可以依据产业属性，也可以参考形成时间。海洋经济产业发展与结构优化密切相关，而科技的创新与进步是其重要基础。

随着高新技术的发展与应用，许多海洋产业发生变化，传统产业部门受到影响，整体结构大幅度提升，内部结构优化，呈现出新的面貌。我国这些产业大多是在中华人民共和国成立后逐渐发展起来的，高新技术的引入使其成为现代化生产部门。随着国家稳定和经济发展，海洋科技从 60 年代开始进步，数十年不断发展，在 20 世纪初已经迈入了新阶段，创新成为主流，发展势不可当，海洋资源的利用迈上了新的阶梯，更多的资源被发现，也促使一些新的经济产业部门形成，除了原有的渔业和运输业之外，海洋养殖兴起，旅游业大力发展，从海洋油气的综合利用，再到海洋生物医药呈现出如火如荼的发展态势。

随着科技发展而兴起的部门称为新兴海洋产业。21 世纪呈现出另一种景象，创新的速度不断加快，进步势不可当，人类对海洋资源的利用达到了新水平，并且仍在不断发展，重大突破接踵而至，新兴产业初现端倪。在这个大背景下，对海洋矿产资源的利用达到了新阶段，能源利用率逐渐提高，环保也开始被提上议事日程，未来海洋产业将会呈现新局面。

综观海洋产业，共分为三大产业，在不同时期所占的比重不同，这也是产业结构优化的重要标志。海洋产业的发展经历了一系列时期，从初级开始向更高水平发展，产业结构处于不断调整过程，纵观历史，从整体情况来看，始终呈现高极化发展态势。海洋产业不断调整，逐渐优化，而科技发展是其基础与动力。当处于初级发展阶段时，此时科技水平较差，以传统产业为主，渔业和运输业成为各国主要的发展方向，除此之外，还有制盐业等附属产业。渔业曾经是这一阶段的主导，也是产业结构中重要的一部分，此时的比重为“一三二”顺序。但是科技的发展为一切提供可能，社会的需要不断增加，相关产业进一步发展，第三产业成为主流，在超越过程中逐渐占有优势，此时产业结构开始调整，比重发生改变，成为“三一二”顺序。但是这种调整始终处于动态，随着科技的发展一些新兴产业逐渐突起，从生物医药到油气勘探，从高端船舶到海工装备，它们开始在国民经济中占有重要位置，超越了其他产业进入高级发展阶段，并且在其中所占比例逐渐增高，原有的顺序再次被打破，产业结构同时优化，形成“二三一”的结构。

科技的进步带动了海洋传统产业，逐渐向集约化方向发展，新技术的应用改变原有格局，也为信息技术进步提供保障，同时也促进了海洋服务业的发展。所有这一切打破原有比重，第三产业的地位逐渐增加，对海洋经济做出巨大贡献，成为其中的主流，并且进入了高级阶段，呈现出迅速发展态势，产业结构随之发生调整，顺序成为“三二一”。综观目前世界状况，一些发达国家已经呈现出明显变化，第三产业的比例逐渐增高，甚至成为海洋经济成果中的大部分。

四　发展海洋经济规模

近些年许多国家开始重视海洋经济高质量发展，沿海国家更是如此，它们不断增加投入，调整政策措施，发展海洋科技，力图在国际上占据领先地位，从80年代开始这种形势始终未曾变化。在此时代背景下，国际海洋科学呈现新的局面，许多成果面世，在各个领域中都有所发展，从海洋板块到厄尔尼诺，从海底热液到南方涛动，从海洋勘探到极端生物，从天然气水合物到生物多样性，纵观几十年的发展，海洋科技所取得的进步有目共睹，将创新引入其中，为未来发展奠定基础，也促进了海洋可持续发展，随着完善的系统建立，未来将会呈现出更广阔的空间。各国的需求并不仅局限于此，战略需求现实存在，研究与开发固然十分重要，保护海洋权益和维护海防安全同样不可或缺，这就使科技发展开始向多角度多方面演进，各国根据自身需要加大投入，在高技术领域获取诸多成绩。研发的投入始终未曾停止，并且呈现愈演愈烈状态，同时综合集成开始成为主流，国际合作十分普遍。由于海洋环境复杂，不同区域呈现出不同特征，立体化的资源分布带来了更多要求，各国单独发展可能面临困境，如果能够加强合作，将创新引入其中，各取所长，综合发展，将有利于海洋科技进步，促进海洋开发，为未来提供有效手段和工具，满足各国的现实需求。

海洋科技创新成为主流，许多成果凸显，为海洋开发提供了有力工具，因此后者呈现出深度和广度日益扩大的态势。纵观人类的海洋开发，其发展至今呈现出不同特征，概括为七大类型。第一，随着技术的发展，航运业已取得重大突破，通信技术也打破原有局限，向更高端的方向发展。第二，矿产资源和能源的利用。海洋有着丰富的矿产资源，以往限于技术水平不能够全面开发，科技的发展为其提供可能，在当今能源缺乏的时代海洋能源的利用将会带来新的契机。第三，生物资源的开发。生物资源开发由来已久，以往仅仅局限于初级阶段，随着技术的发展逐渐有所改变，目前向着更高层次演进。第四，海洋旅游开发。利用海洋并不仅仅限于资源本身，旅游与娱乐业的发展同样带来更高利益，可以以海洋为中心逐渐发展起来。第五，海上废物处理。人们对海洋的摄取并不是没有原则的，所带来的问题也要加以解决，这是持续化发展的必然要求。第六，海洋军事利用。国家对于海洋的思考并不仅仅局限于经济方面，维护海洋利益的同时也要加强海防，充分利用海洋发展自身。第七，海洋调查研究。这是充分利用海洋的必然前提。海洋科技的发展促进了海洋经济发展，随着近几十年的发展，各国发生改变，海洋经济规模不断扩大，呈现出新的特征。从各国情况来看，海洋经济产值所做的贡献也大幅度增高，许多超过5%，并且仍以飞快的速度发展，拥有巨大潜力。海洋科技创新与进步是一切发展的前提，通过这种方式可以促进海洋经济高质量发展，使其不断提高，在发达国家更是如此。

我国经济在近几十年迅速发展，也为海洋科技进步创造了条件，随着重视程度的日益提升，目前的局面发生着改变，国家对此也加大力度，调整相关政策，大力支持海洋经济高质量发展。根据目前情况来看，我国海洋科技已呈现出新的局面，研发速度加快，并且大量成果应用于实践当中，取得了很好的成绩。在许多技术开发领域，我国科技工作者都取得了突破，从卫星遥感到天然产物开发，从渔业到环境预报等，即使是与世界上发达国家相比也毫不逊色，由于其立足于我国实践，因此更适于国内发展，优势十分明显。随着科技的进步，海洋产业发生变化，发展速度与日俱增，海洋开发如火如荼，海洋经济带来的效益显而易见，对国民经济的贡献越来越大。

由于国家重视海洋科技创新，技术发展被提上了议事日程，从而获得了巨大进步，对我国海洋经济的发展做出显而易见的贡献，使其能够迅速增长，在国民经济中占有重要位置，并且呈现出前所未有的发展态势，实现了既定的目标。

第三章　我国海洋科技创新与海洋经济高质量发展的现状分析

第一节　海洋科技创新现状

一　海洋科技创新投入现状

（一）人力资源

海洋科技创新人力资源是建设海洋强国和创新型国家的主导力量和战略资源，海洋科技创新科研人员的综合素质决定了国家海洋创新能力提升的速度和幅度。海洋科研机构的科技活动人员和研究与开发（R&D）人员是重要的海洋创新人力资源，突出反映了一个国家海洋创人才资源的储备状况。其中，科技活动人员是指海洋科研机构中从事科技活动的人员，包括科技管理人员、课题活动人员和科技服务人员；R&D 人员是指海洋科研机构本单位人员及外聘研究人员和在读研究生中参加 R&D 课题的人员、R&D 课题管理人员和为 R&D 活动提供直接服务的人员。①

从人员组成上看，2011—2015 年，我国海洋科研机构课题活动人员在科技活动人员中占比在 70% 左右，并且从 2012 年开始逐年下降，而科技管理人员占比逐年升高（见图 3－1）。从人员学历结构上看，虽然 2011—2015 年博士、硕士人员总量占比有所提升（见图 3－2），

① 万勇：《区域技术创新与经济增长研究》，经济科学出版社 2011 年版。

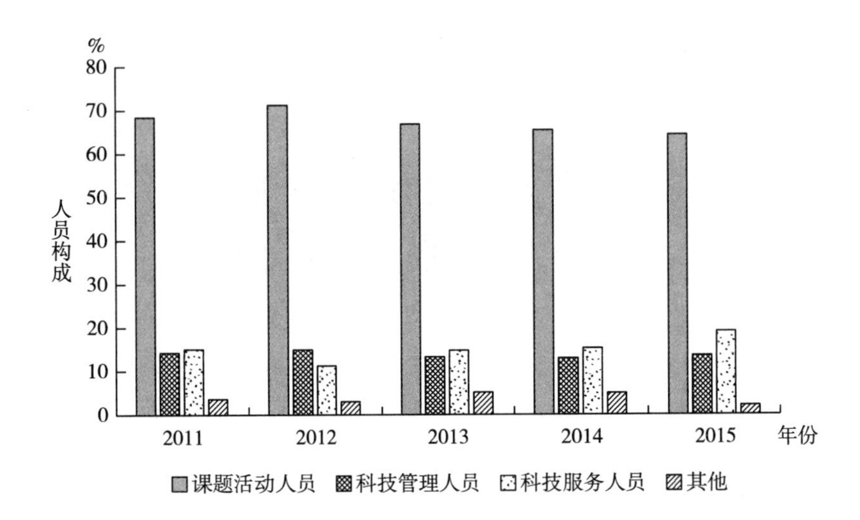

图 3-1　2011—2015 年海洋科研机构科技活动人员构成

资料来源：国家海洋局第一海洋研究所编：《国家海洋创新指数报告 2016》，海洋出版社 2018 年版。

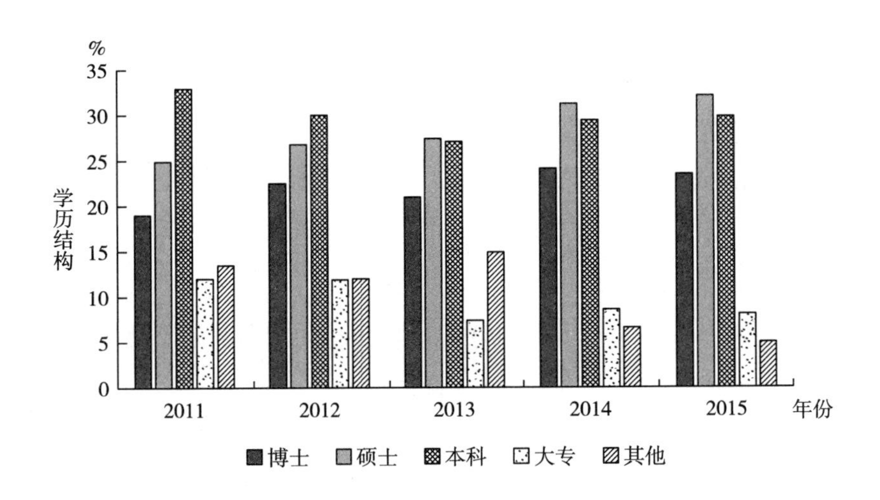

图 3-2　2011—2015 年海洋科研机构科技活动人员学历结构

资料来源：国家海洋局第一海洋研究所编：《国家海洋创新指数报告 2016》，海洋出版社 2018 年版。

但本科人员所占比重过多，大专人员亦存在，这都不利于开展海洋科技创新活动，众所周知，海洋科技创新研究是高精尖的科技研究，应加大博士比例。从人员职称结构上看，2011—2015 年，我国海洋科研机构科技活动人员中高级中级职称人员占比有待提升（图 3－3）。2015 年高级、中级职称人员分别占科技活动人员总量的 39.63% 和 33.31%，应大力引进高级职称科研人才。

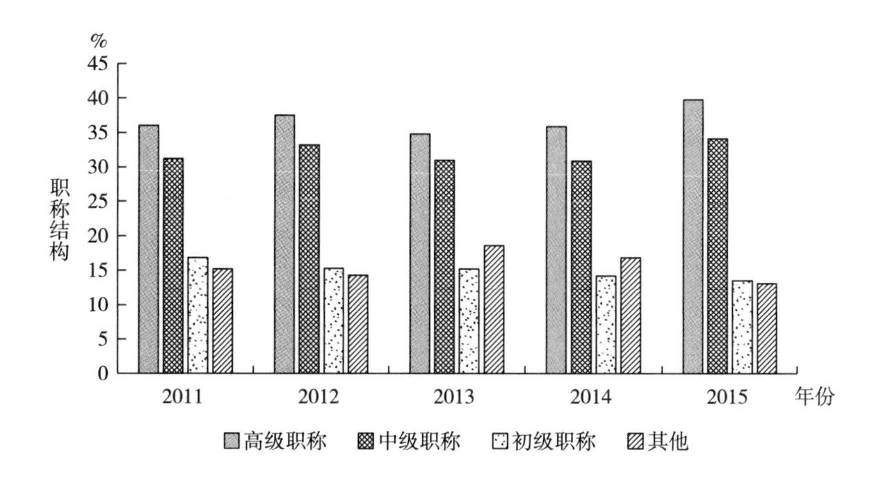

图 3－3　2011—2015 年海洋科研机构科技活动人员职称结构

资料来源：国家海洋局第一海洋研究所编：《国家海洋创新指数报告 2016》，海洋出版社 2018 年版。

（二）经费投入

R&D 活动是创新活动最为核心的组成部分，不仅是知识创造和自主创新能力的源泉，也是全球化环境下吸纳新知识和新技术的能力基础，更是反映科技经济协调发展和衡量经济增长质量的重要指标。海洋科研机构的 R&D 经费是重要的海洋科技创新经费，能够有效反映国家海洋科技创新活动规模，客观评价国家海洋科技实力和创新能力。

2010 年以来，我国海洋科研机构的 R&D 经费总体保持增长态势。2010 年是增长最迅猛的一年，增长率达 25%，2013 年增长率最低，为 4%，2015 年较 2014 年有所下降（见图 3－4）。

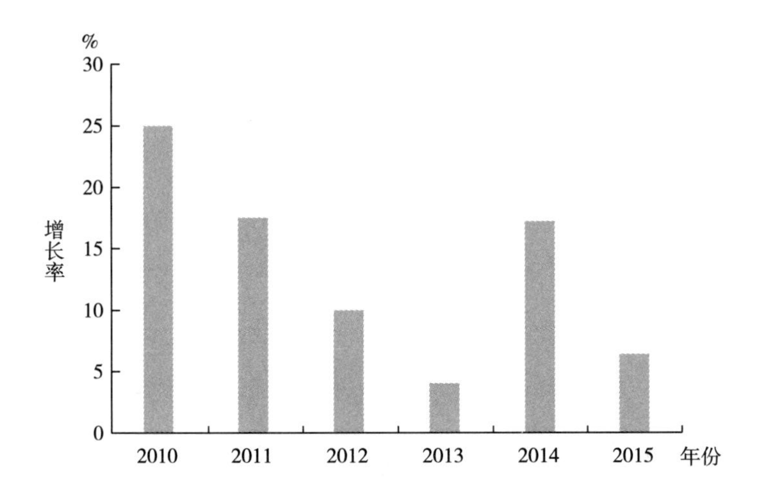

图 3-4　2010—2015 年 R&D 经费增长率趋势

资料来源：国家海洋局编：《中国海洋统计年鉴 2016》，海洋出版社 2017 年版。

R&D 内部经费指当年为进行 R&D 活动而实际用于机构内的全部支出，包括 R&D 经费支出和 R&D 基本建设费（见表 3-1）。2010—2015 年，R&D 基本建设费在 R&D 经费内部支出中的比例逐渐上升，占比从 2010 年的 5% 上升到 7%，体现出我国对基建投资重视程度的提高（见图 3-5）。

表 3-1　　2010—2015 年内部经费投入构成　　单位：亿元

年份	R&D 内部经费支出总额	R&D 经费支出	R&D 基本建设费
2010	195.5	186.7	8.8
2011	232.2	218.3	13.9
2012	257.7	241.0	16.7
2013	265.6	250.0	15.6
2014	310.1	292.9	17.2
2015	333.3	310.2	23.1

资料来源：国家海洋局编：《中国海洋统计年鉴 2016》，海洋出版社 2017 年版。

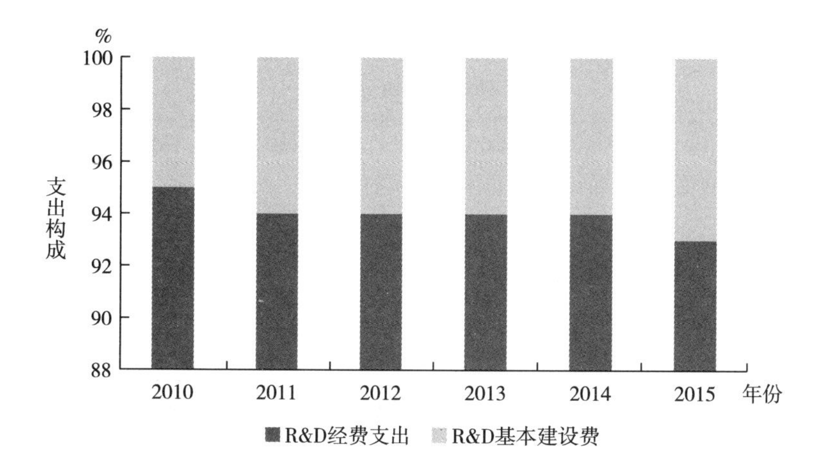

图 3－5　2010—2015 年 R&D 经费内部支出构成

资料来源：国家海洋局编：《中国海洋统计年鉴 2016》，海洋出版社 2017 年版。

二　海洋科技创新产出现状

知识创新是国家竞争力的核心要素。创新产出是指科学研究与技术创新活动所产生的各种形式的中间成果，是科技创新水平和能力的重要体现。论文、著作的数量和质量能够反映海洋科技原始创新能力，专利申请量和授权量等情况则更加直接地反映了海洋科技创新程度和技术创新水平。较高的海洋知识传播与应用能力是创新型海洋强国的共同特征之一。

（一）科研成果数量增加

2001—2015 年，我国海洋领域科技论文总量持续增长，2015 年论文发表数量是 2001 年的 3.84 倍，年均增长率为 10.29%。具体来看，CSCD 论文数量呈现波动上升趋势（见图 3－6），存在明显论文发表数量转折，2005 年、2008 年、2012 年度论文发表数量增量有所减少；海洋领域 SCI 论文发表数量飞速增长，尤其是“十二五”（2011—2015 年）期间我国提出“建设海洋强国”战略以来，我国在国际上发表论文的数量呈现明显的增长趋势。

表 3－2　　2001—2015 年我国海洋科技论文发表数量及每年增长率分析

年份	CSCD 论文数量（篇）	SCI 论文数量（篇）	海洋科技论文数量（篇）	年增长率（%）	
				中文	英文
2001	701	112	813		
2002	791	126	917	13	13
2003	792	233	1025	0	12
2004	787	298	1085	－1	6
2005	751	282	1033	－5	－5
2006	856	316	1172	14	13
2007	902	351	1253	5	7
2008	913	447	1360	1	9
2009	1096	503	1599	20	18
2010	1167	625	1792	6	12
2011	1268	669	1937	9	8
2012	1225	744	1969	－3	2
2013	1287	1014	2301	5	17
2014	1316	1261	2577	2	12
2015	1640	1485	3125	25	21

资料来源：国家海洋局第一海洋研究所编：《国家海洋创新指数报告 2016》，海洋出版社 2018 年版。

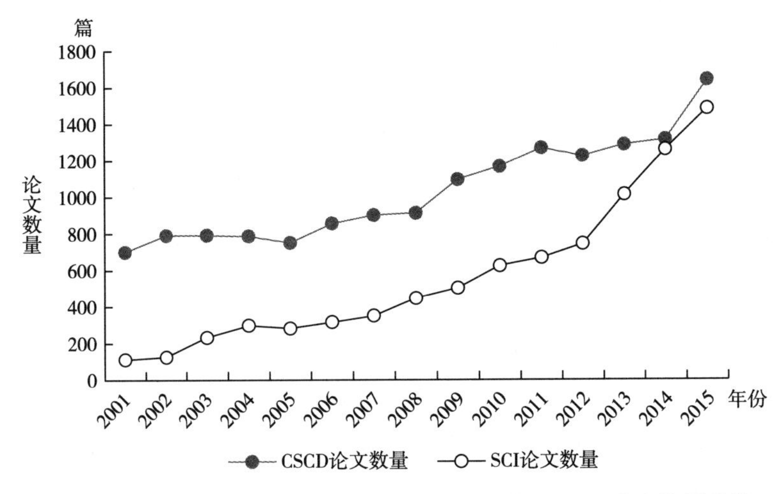

图 3－6　2001—2015 年我国海洋学 SCI 论文与 CSCD 论文数量趋势

资料来源：国家海洋局编：《中国海洋统计年鉴 2016》，海洋出版社 2017 年版。

从每年科技论文数量的增长率来看，海洋领域 CSCD 论文除 2004 年、2005 年、2012 年外，其他年份的论文均呈增长趋势，其中 2015 年增长率最高；除 2005 年外，海洋领域 SCI 论文每年发文量均呈增长趋势，其论文发表数量的最高增长率也是出现在 2015 年。

海洋领域专利申请数量前 15 位中，专利活动年期大部分在 10 年以上，平均专利年龄大部分在 5 年以上，中国海洋石油总公司达到 2323 人（见表 3 – 3）。我国海洋领域专利主要申请省份中，山东因其拥有较多的涉海科研机构与大学占据首位，其次为北京，我国各地区差异明显。

表 3 – 3　　申请人综合指标

申请人	地区	专利件数（件）	所占百分比（%）	申请人研发能力比较		
				活动年期（年）	发明人数（人）	平均专利年龄（年）
中国海洋石油集团有限公司	北京	936	3.12	12	2323	5.1
中国海洋大学	山东	690	2.30	14	892	6.8
浙江大学	浙江	494	1.65	14	600	6.6
浙江海洋大学	浙江	470	1.57	10	412	4.3
中国科学院海洋研究所	山东	450	1.50	15	417	6.8
上海交通大学	上海	424	1.41	15	408	7.3
哈尔滨工程大学	哈尔滨	315	1.05	14	620	4.9
天津大学	天津	305	1.02	15	411	5.3
大连理工大学	大连	289	0.96	14	402	5.0
海洋石油工程股份有限公司	天津	276	0.92	11	949	4.9
中国科学院南海海洋研究所	广州	224	0.75	14	229	6.2
中国水产科学研究院黄海水产研究所	山东	185	0.62	14	222	5.9

续表

申请人	地区	专利件数（件）	所占百分比（%）	申请人研发能力比较		
				活动年期（年）	发明人数（人）	平均专利年龄（年）
中海石油（中国）有限公司北京研究中心	北京	185	0.62	8	305	7.4
上海海洋大学	上海	182	0.61	7	378	4.9
中国石油大学（华东）	山东	177	0.59	11	347	3.6

资料来源：国家海洋局第一海洋研究所编：《国家海洋创新指数报告 2016》，海洋出版社 2018 年版。

（二）科研成果质量下降

从海洋学 SCI 引用次数来看，2001—2015 年我国海洋学 SCI 论文的总被引次数为 62869 次，其中他引次数为 61870 次，篇均被引次数最高的年份为 2002 年，篇均被引次数为 26.54 次，呈现下降趋势（见表 3-4、图 3-7），2015 年均为最低值。年度发文总被引次数呈现先上升后下降的趋势（见图 3-8），其中 2010 年被引次数最高。此外，H 指数也呈现下降趋势（见图 3-9），2015 年为最低值，这说明虽然海洋学 SCI 论文数量增加了，但论文质量却下降了。

表 3-4　2001—2015 年我国海洋学 SCI 论文 H 指数及年度发文被引情况

年份	总被引次数（次）	H 指数	排除自引的他引次数（次）	发文量（篇）	篇均被引次数（次）	篇均他引次数（次）
2001	1834	24	1829	112	16.38	16.33
2002	3344	30	3335	126	26.54	26.47
2003	3765	31	3750	233	16.16	16.09
2004	5186	39	5152	298	17.40	17.29
2005	3786	30	3770	282	13.43	13.37
2006	4763	37	4727	316	15.07	14.96

续表

年份	总被引次数（次）	H 指数	排除自引的他引次数（次）	发文量（篇）	篇均被引次数（次）	篇均他引次数（次）
2007	4756	36	4736	351	13.55	13.49
2008	5267	34	5245	447	11.78	11.73
2009	4971	35	4946	503	9.88	9.83
2010	5951	32	5924	625	9.52	9.48
2011	5079	27	5010	669	7.59	7.49
2012	4328	24	4278	744	5.82	5.75
2013	4410	21	4304	1014	4.35	4.24
2014	3357	16	3279	1261	2.66	2.60
2015	2072	10	1585	1485	1.40	1.07

资料来源：国家海洋局第一海洋研究所编：《国家海洋创新指数报告 2016》，海洋出版社 2018 年版。

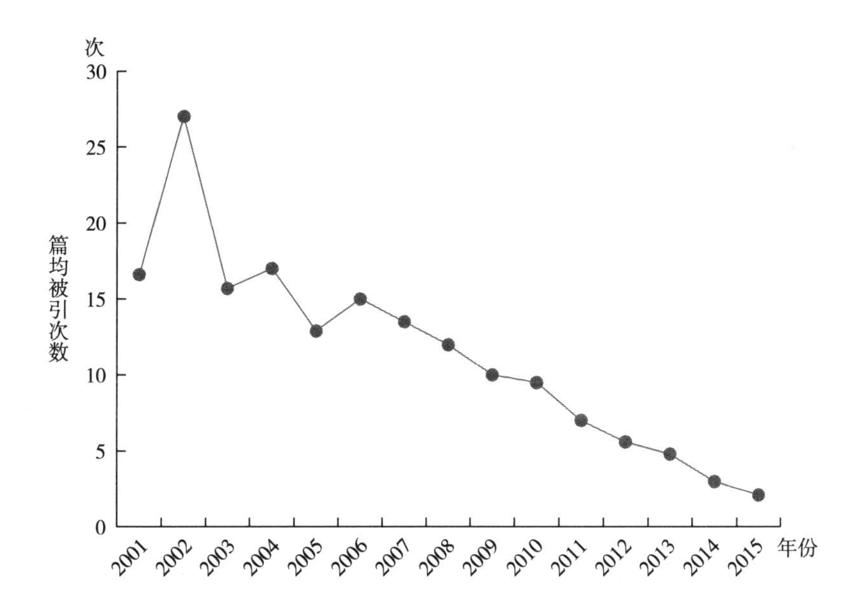

图 3-7　2001—2015 年我国海洋学发表 SCI 论文的篇均被引次数

资料来源：国家海洋局第一海洋研究所编：《国家海洋创新指数报告 2016》，海洋出版社 2018 年版。

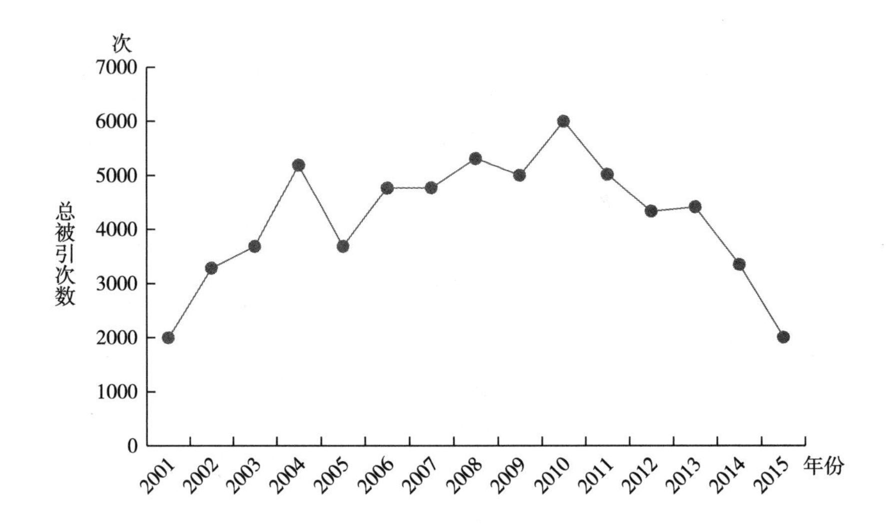

图 3－8　2001—2015 年我国海洋学发表 SCI 论文的总被引次数

资料来源：国家海洋局第一海洋研究所编：《国家海洋创新指数报告 2016》，海洋出版社 2018 年版。

图 3－9　2001—2015 年我国海洋学发表 SCI 论文的 H 指数

资料来源：国家海洋局第一海洋研究所编：《国家海洋创新指数报告 2016》，海洋出版社 2018 年版。

我国海洋学论文发表期刊分布并不均匀，在影响因子大于 2 的期刊上合计发表论文1628篇，只占全部论文数量的25%。一区的发文量占比为27%，二区的发文量为14%，三区的发文量为2%，四区的发文量为57%（见图3－10）。表明我国海洋学SCI论文数量虽然增加了，但大部分发表在质量较低的SCI四区。

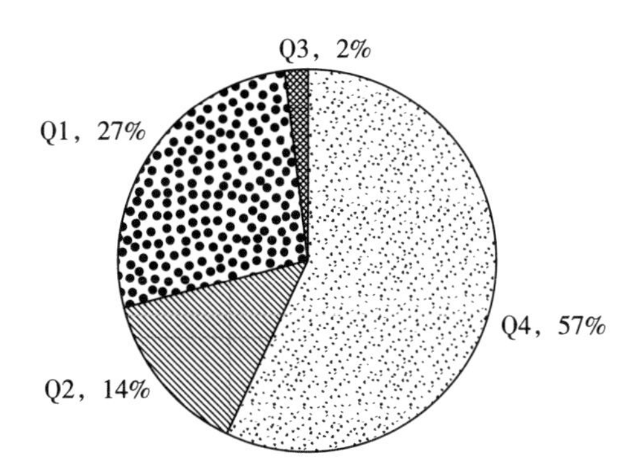

图3－10　2001—2015年我国发表SCI论文期刊所在分区

资料来源：国家海洋局第一海洋研究所编：《国家海洋创新指数报告2016》，海洋出版社2018年版。

表3－5　2001—2015年我国发表论文期刊发文量、影响因子及分区

期刊	影响因子	分区	发表论文数量（篇）
ACTA OCEANOLOGCA SINICA	0.631	Q4	1309
CHINESE JOURNAL OF OCEANOLOGY AND LIMNOLOGY	0.547	Q4	1059
CHINA OCEAN ENGINEERING	0435	Q4	809
OCEAN ENGINEERING	1.488	Q1	535
JOURNAL OF GEOPHYSICAL RESEARCH – OCEAN	3.318	Q1	445
JOURNAL OF OCEAN UNIVERSITY OF CHINA	0.509	Q4	424
ESTUARINE COASTAL AND SHELF SCIENCE	2.335	Q1	284
CONTINENTAL SHELF RESEARCH	2.011	Q2	276
MARINE ECOLOGY PROGRESS SERIES	2.011	Q2	157

续表

期刊	影响因子	分区	发表论文数量（篇）
JOURNAL OF NAVIGATION	1.267	Q1	147
TERRESTRIAL ATMOSPHERIC AND OCEANIC SCIENCES	0.556	Q4	130
APPLIED OCEAN RESEARCH	1.382	Q2	126
JOURNAL OF OCEANOGRAPHY	1.27	Q3	120
MARINE GOLOGY	2.503	Q1	119
MARINE GEORESOURCES&GEOTECHNOLOGY	0.761	Q2	118
JOURNAL OF ATMOSPHERIC AND OCEANIC TECHNOLOGY	2.159	Q1	117
DEEP - SEA RESEARCH PART Ⅱ - TOPICAL STUDIES IN OCEANOGRAPHY	2.137	Q2	116
MARINE CHEMISTRY	3.412	Q2	110
JOURNAL OF MARINE SYSTEMS	2.174	Q1	104

资料来源：国家海洋局第一海洋研究所编：《国家海洋创新指数报告 2016》，海洋出版社 2018 年版。

第二节　海洋经济发展现状

一　全国海洋经济发展现状

我国海域广阔，气候特点千差万别，这就决定着生物种类不可能完全一致。综观我国海洋资源，生物资源丰富，石油天然气储备量较高，有多处固体矿产，可再生能源充足，如果发展海岸带经济有着坚实的基础，以此为前提进行开发，未来将会不可估量。纵观以往的海洋开发历史，整体上并不乐观。自古以来，我国重视陆路开发，在海洋开发方面明显不足，这也与国家的历史发展密切相关。鉴于以上种种，我国海洋开发起步较晚，相对于其他沿海国家明显落后。直至 20 世纪 70 年代后期，我国社会发生巨大变化，海洋意识也受到了影响，人们开始将目光关注于海洋，资源开发利用受到重视，并且以较快的速度发展。根据 80 年代的统计结果显示，海洋经济年均增长率可达 17%；90 年代达到 20%。这个惊人的成绩一直维持到 21 世纪，为我国的国民经济做出了巨大贡献，海洋经济成为国民经济的重要组成部分。

2010—2015 年我国海洋生产总值呈现稳步上升趋势（见图 3－11），2010 年海洋经济生产总值为 39619 亿元，2015 年为 65534 亿元；2010—2015 年我国海洋经济生产总值增长率却呈下降趋势（见图 3－12），2010 年为 12.8%，2015 年下降为 7%。2015 年全国海洋经济生产总值超过 65000 亿元，同比增长达到 8%。在国内生产总值中有接近 10% 是由海洋生产总值所贡献，在沿海地区这一比例甚至超过 16%。全国有大量涉海就业人员，总数超过 3500 万人，比上年增加 34.8 万人。2015 年我国沿海十一省区市海洋经济生产总值中广东省最高，为 14443.1 亿元；海南省最低，为 1004.7 亿元，沿海十一省市海洋经济生产总值地区差异明显（见图 3－13）。

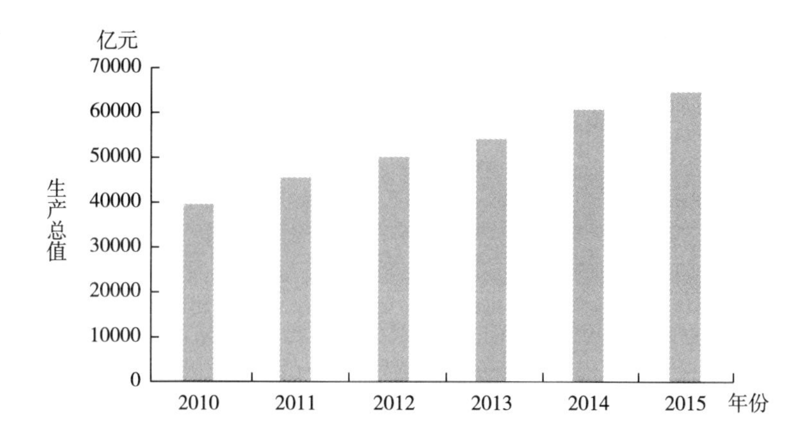

图 3－11　2010—2015 年海洋经济生产总值

资料来源：国家海洋局编：《中国海洋统计年鉴 2016》，海洋出版社 2017 年版。

表3-6　2010—2015年我国海洋经济生产总值占GDP的比率

年份	海洋生产总值（亿元）	增长率（%）	占GDP比率（%）	GDP增长率（%）
2010	39619	12.8	9.7	10.4
2011	45580	10.4	9.7	9.3
2012	50172	7.9	9.6	7.7
2013	54718	7.6	9.5	7.7
2014	60699	7.7	9.4	7.4
2015	65534	7	9.6	6.9

资料来源：国家海洋局编：《中国海洋统计年鉴2016》，海洋出版社2017年版。

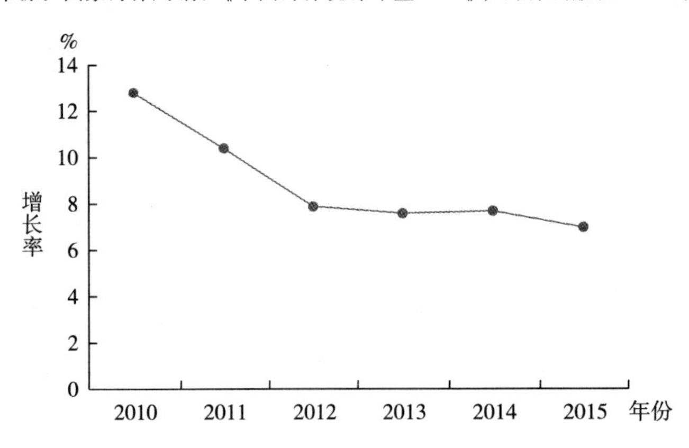

图3-12　2010—2015年海洋经济生产总值增长率

资料来源：国家海洋局编：《中国海洋统计年鉴2016》，海洋出版社2017年版。

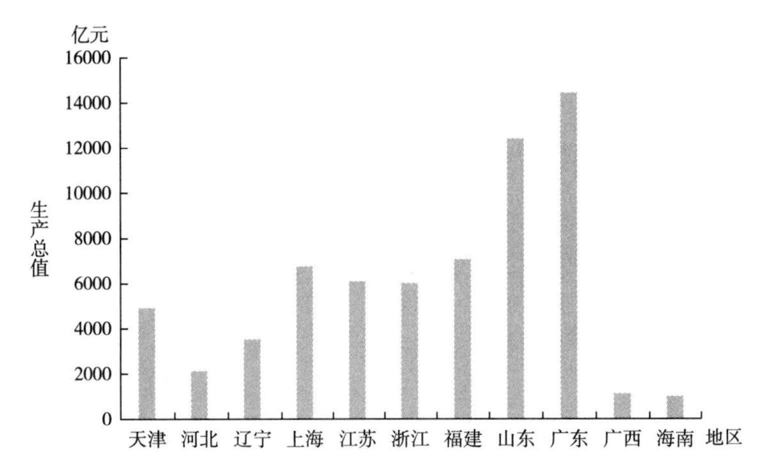

图3-13　2015年沿海地区11省区市海洋经济生产总值

资料来源：国家海洋局编：《中国海洋统计年鉴2016》，海洋出版社2017年版。

二　主要海洋产业发展现状

2008—2015 年，我国海洋经济生产总值稳步增长，其中以二、三产业增长显著（见图 3 - 14）。2015 年，主要海洋产业实现增加值 26839 亿元，比上年增长 6.1%，占海洋经济生产总值的 41.0%，滨海旅游业和海洋交通运输业仍占主导地位（见图 3 - 15）。

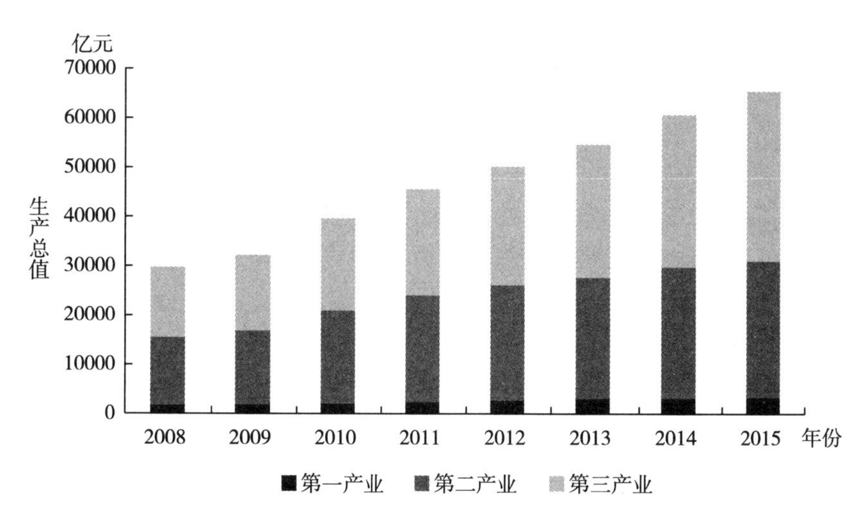

图 3 - 14　2008—2015 年海洋经济生产总值及三次产业构成

资料来源：国家海洋局编：《中国海洋统计年鉴 2016》，海洋出版社 2017 年版。

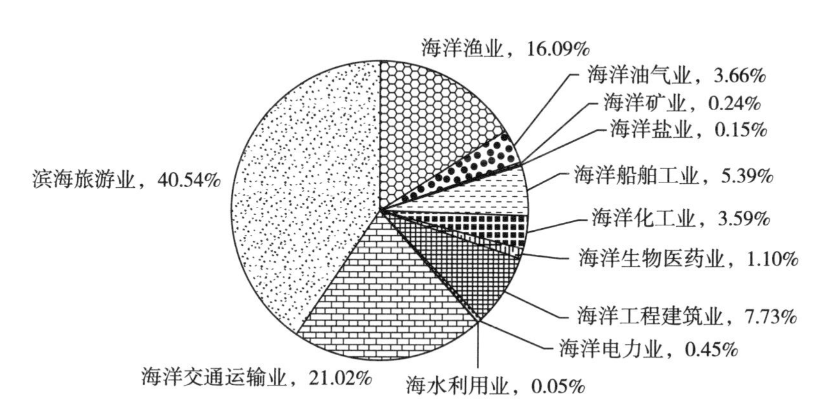

图 3 - 15　2015 年全国主要海洋经济产业增加值构成

资料来源：国家海洋局编：《中国海洋统计年鉴 2016》，海洋出版社 2017 年版。

表 3-7　　2008—2015 年海洋经济生产总值及三次产业构成

年份	第一产业（亿元）	第二产业（亿元）	第三产业（亿元）
2008	1694.3	13735.3	14288.4
2009	1857.7	14926.5	15377.6
2010	2008.0	18919.6	18691.6
2011	2381.9	21667.6	21530.8
2012	2670.6	23450.2	24052.1
2013	3037.7	24608.9	27071.7
2014	3109.5	26660.0	30929.6
2015	3327.7	27671.9	34534.8

资料来源：国家海洋局编：《中国海洋统计年鉴 2016》，海洋出版社 2017 年版。

海洋第一产业。2015 年，海洋渔业保持平稳发展态势，海洋水产品产量稳步增长，海水养殖及远洋渔业生产能力持续提高。海洋水产品产量为 3409.6 万吨，比上年增长 3.4%。其中，海水养殖产量继续增加，达到 1875.6 万吨，比上年增长 3.5%；海洋捕捞产量也有所提高，为 1314.8 万吨，比上年增长 2.7%（见图 3-16）；由于远洋捕捞能力的加强，产量快速增加，达 219.2 万吨，比上年增长 8.1%。海水养殖面积有所上升，为 231.8 万公顷，比上年增长 0.5%。远洋渔船数量达到 2512 艘，比上年增加 2.1%；总功率达到 215.7 万千瓦，比上年增长 6.5%。2015 年，山东省的海水养殖量最高，为 500 万吨；浙江省的海洋捕捞量最高，为 337 万吨（见表 3-8、图 3-17）。

表 3-8　　2015 年沿海地区海洋捕捞和海水养殖产量

地区	海洋捕捞（万吨）	海水养殖（万吨）
天津	5	1
河北	25	51
辽宁	111	294
上海	2	0

续表

地区	海洋捕捞（万吨）	海水养殖（万吨）
江苏	55	89
浙江	337	93
福建	200	404
山东	228	500
广东	151	303
广西	65	114
海南	136	26

资料来源：国家海洋局编：《中国海洋统计年鉴2016》，海洋出版社2017年版。

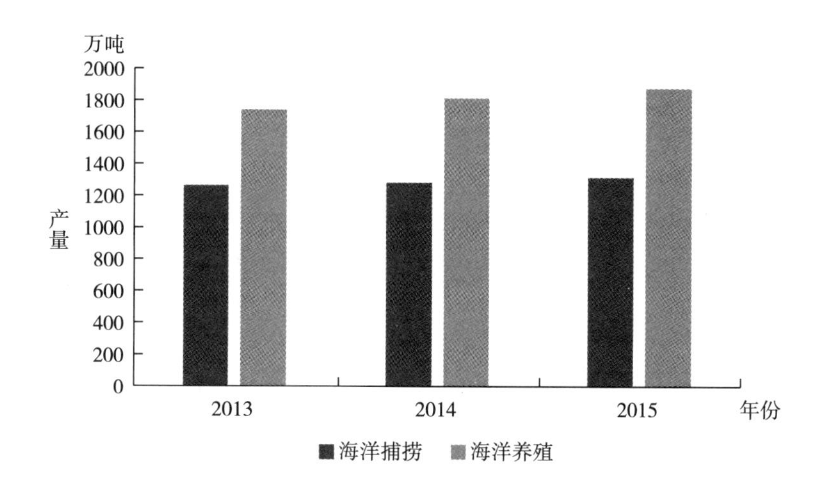

图3－16　全国海洋捕捞和海水养殖产量

资料来源：国家海洋局编：《中国海洋统计年鉴2016》，海洋出版社2017年版。

海洋第二产业。2015年，我国海洋油气产量增长趋势未减，仍然保持原有状态，全年增加值接近100亿元，同比增长超过2%。该年度国际油价持续走低，多种因素对其产生影响，在此背景下原油产量仍实现了全面增长，原油产量近5500万吨，同比增长接近18%（见图3－18），天然气产量增长同样十分明显，总量超过141立方米，同比增长超过11%（见图3－19）。海洋矿业保持稳定增

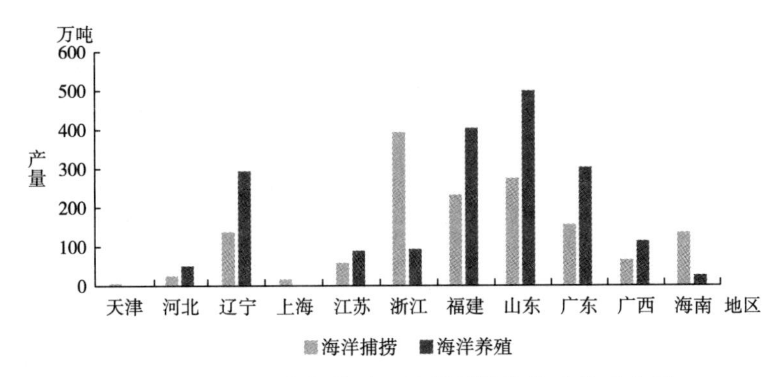

图 3 – 17　2015 年沿海地区海洋捕捞和海水养殖产量

资料来源：国家海洋局编：《中国海洋统计年鉴 2016》，海洋出版社 2017 年版。

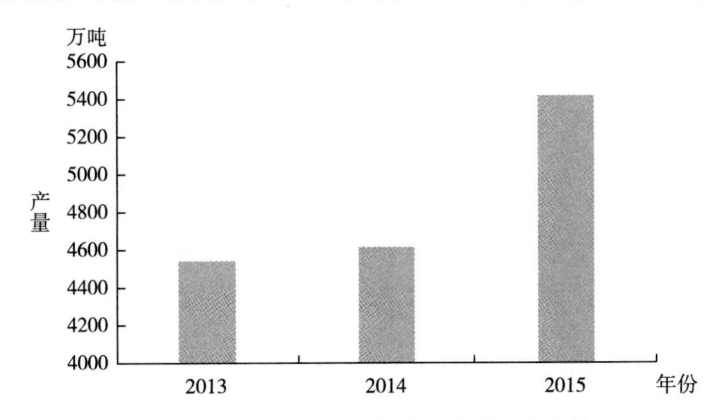

图 3 – 18　2013—2015 年全国海洋石油产量

资料来源：国家海洋局编：《中国海洋统计年鉴 2016》，海洋出版社 2017 年版。

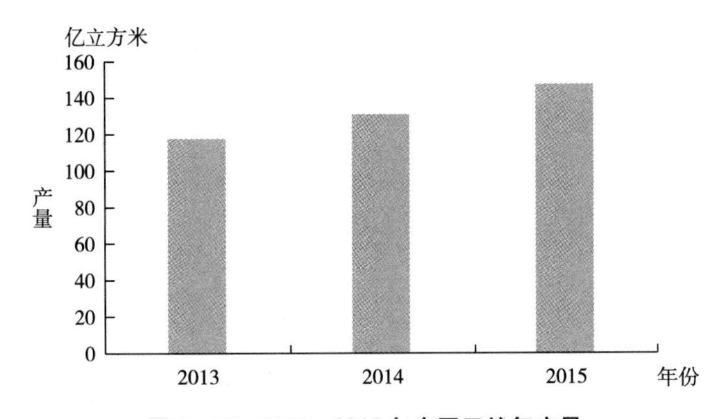

图 3 – 19　2013—2015 年全国天然气产量

资料来源：国家海洋局编：《中国海洋统计年鉴 2016》，海洋出版社 2017 年版。

长，全年总产量为4821.3万吨（见图3-20）。海洋盐业全年总产量为3138.9万吨（见图3-21）。海洋化工业增长形势显著，该年度

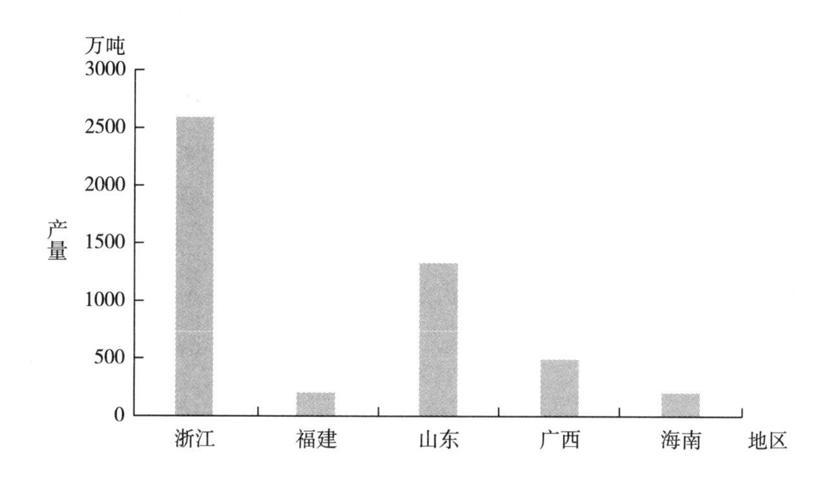

图3-20 2015年海洋矿业产量

资料来源：国家海洋局编：《中国海洋统计年鉴2016》，海洋出版社2017年版。

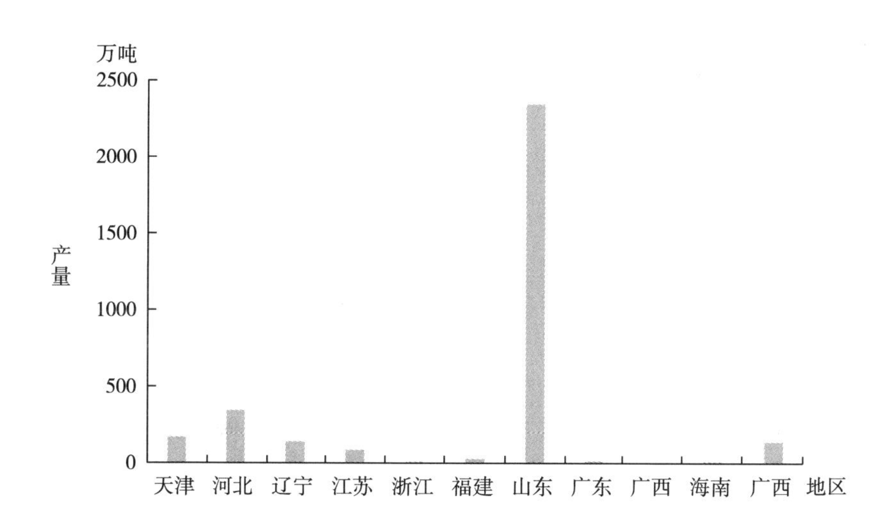

图3-21 2015年沿海地区海盐产量

资料来源：国家海洋局编：《中国海洋统计年鉴2016》，海洋出版社2017年版。

增加值接近100亿元，同比增长超过12%。从海洋生物医药业情况来看，呈现出明显增长态势，全年增值接近300亿元，增长比例与海洋化工业相当。纵观海洋电力，增长速度未曾放缓，年度内海上风电场建设如火如荼，呈现有序推进状态，年度增加值超过12亿元，增长比例达到13%。海水利用业发展越来越好，增长情况平稳，呈现持续向好态势，年度增加值同比增长接近10%，海洋船舶工业发生巨大变化，转型升级成效日益凸显，淘汰落后产能进度逐渐加大，但对未来的形势仍不能忽视，沿海地区海洋造船完工量为5840.7万载重吨。海洋工程建筑业同样不容忽视，发展速度超过许多其他海洋产业，全年实现增加值2073.5亿元，比上年增长13.1%。

海洋第三产业。2015年度统计结果显示，我国沿海港口生产态势良好，仍处于不断发展状态，但也无法避免受全球经济影响。纵观世界状况，经济增长放缓大趋势未曾改变，由于受供需失衡问题持续存在的影响，国内航运市场仍在低迷状态徘徊，尚无法实现全面复苏。从该年度海洋交通运输业情况来看，其仍然保持发展态势，年度增长接近8%，增加值超过5500亿元。国际标准集装箱吞吐量18907万标准箱，比上年增长4%（见图3-22）。沿海11省市

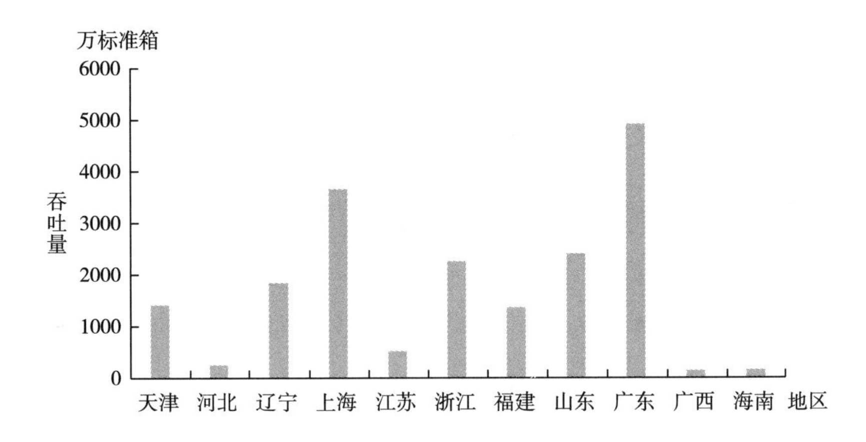

图3-22 2015年全国沿海港口国际标准集装箱吞吐量

资料来源：国家海洋局编：《中国海洋统计年鉴2016》，海洋出版社2017年版。

海洋货物周转量60411亿吨千米（见图3－23），滨海旅游产业规模继续扩大，沿海地区不断拓展海洋旅游新项目，提升海洋旅游服务质量和水平，海洋邮轮游艇旅游发展成为海洋旅游消费新热点。2015年主要沿海城市接待入境旅游者人数4064.1万人次，比上年增加177.5万人次（见图3－24），其中港澳台入境游客占56.9%，是主要的客源市场。

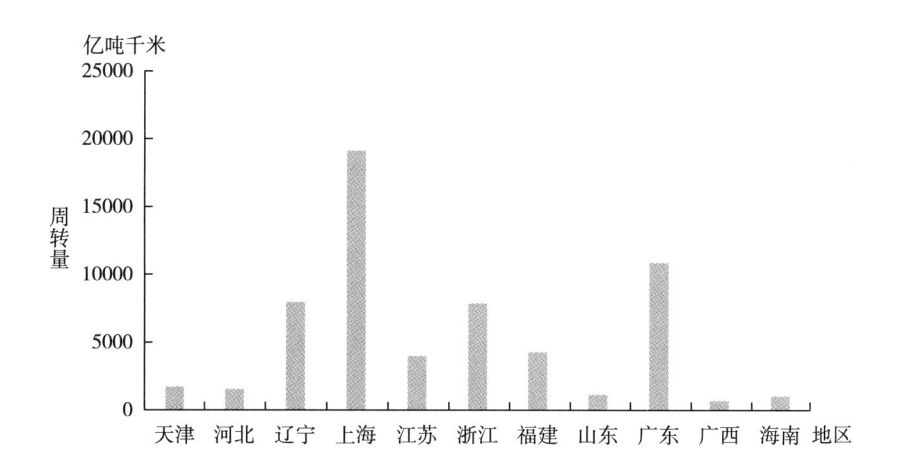

图3－23　2015年全国沿海地区海洋货物周转量

资料来源：国家海洋局编：《中国海洋统计年鉴2016》，海洋出版社2017年版。

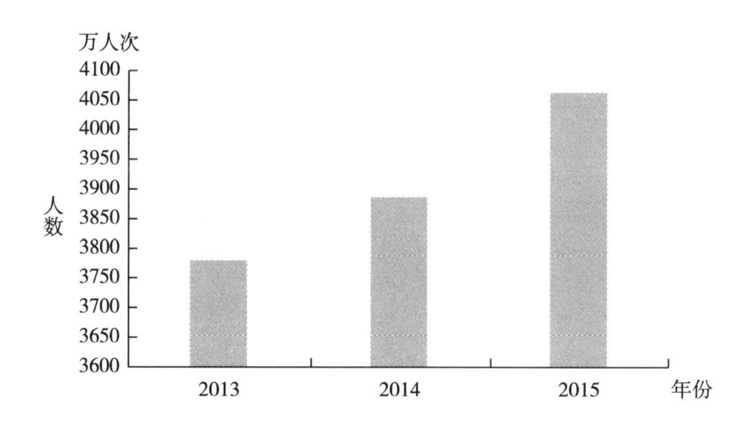

图3－24　全国主要沿海城市接待入境旅游者人数

资料来源：国家海洋局编：《中国海洋统计年鉴2016》，海洋出版社2017年版。

三　区域海洋经济发展现状

2015 年，环渤海、长江三角洲和珠江三角洲三大经济区海洋经济继续保持平稳增长态势，但增速均有所放缓，三大经济区海洋经济生产总值占全国海洋经济生产总值的比重分别为 35.10%、28.80% 和 22.04%（见图 3-25、图 3-26）。

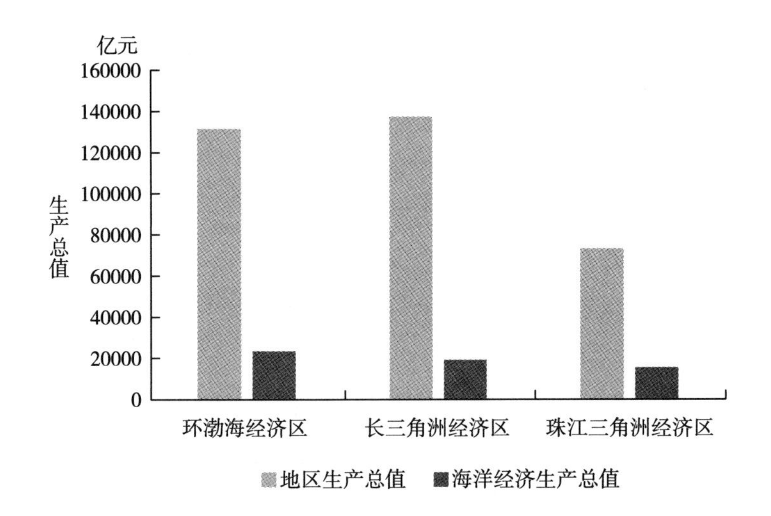

图 3-25　2015 年三大经济区地区生产总值与海洋经济生产总值

资料来源：国家海洋局编：《中国海洋统计年鉴 2016》，海洋出版社 2017 年版。

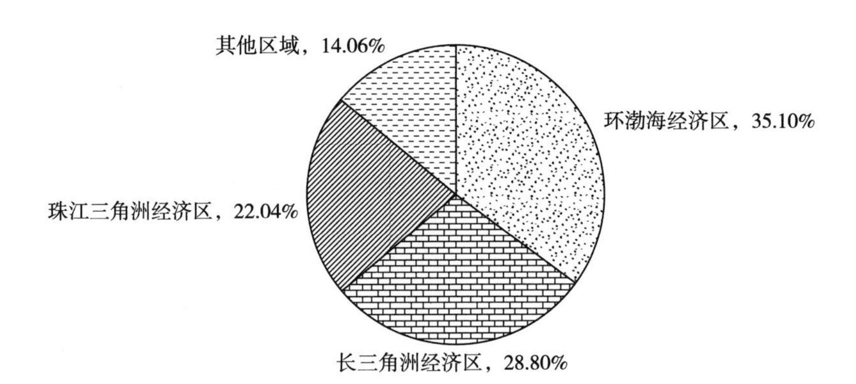

图 3-26　2015 年三大经济区海洋生产总值占全国海洋生产总值比重

资料来源：国家海洋局编：《中国海洋统计年鉴 2016》，海洋出版社 2017 年版。

（一）环渤海经济区

环渤海经济区海洋生产总值23002.7亿元，比上年增长3.2%，为地区生产总值贡献超过17%。海洋产业持续发展，相比上年增加值超过13000亿元，相关产业也得到了迅猛发展，增加值接近1万亿元。从该地区海洋经济情况来看，海洋渔业等支柱产业年度增加值合计达到8634.3亿元，占该地区主要海洋产业增加值的82.9%。海洋工程建筑业、滨海旅游业和海洋生物医药业实现快速增长，分别比上年增长29.7%、7.5%和12.9%。

（二）长江三角洲经济区

长江三角洲经济区海洋经济生产总值18878亿元，比上年增长9.3%，为地区生产总值贡献率超过13%。海洋产业发展势头良好，相关产业也得到迅猛发展，二者的增加值分别超过了11000亿元和7500亿元。海洋渔业等四个产业位居各产业前列，其增加值之和占该地区主要海洋产业增加值的93%，其中滨海旅游业占该地区主要海洋产业增加值的43.5%，产值贡献位居第一。海洋生物医药业、海洋电力业增速较快，分别比上年增长16.1%和18.7%。

（三）珠江三角洲经济区

珠江三角洲经济区海洋经济生产总值14443.1亿元，比上年增长9.2%，占地区生产总值比重达19.8%。海洋产业增加值为9085.8亿元，海洋相关产业增加值为5357.4亿元。滨海旅游业、海洋交通运输业、海洋化工业和海洋工程建筑业四个产业位居前列，其增加值之和占该地区主要海洋产业增加值的82.4%。滨海旅游业、海洋工程建筑业和海洋生物医药业增长较快，分别比上年增长13.2%、10.2%和10%。

第三节　阻碍海洋科技创新驱动海洋经济高质量发展的问题分析

一　海洋科技创新投入总量不足

一直以来，我国海洋科技经费不足情况较为严重，总量较少，相对水平较低，这将不利于我国海洋科技发展，并成为其主要的制约因素。国家重视科技投入，在许多产业方面力度较大，但海洋科技并不包括在其中。纵观近些年相关投资状况，整体呈现不断增长态势，但在全国科技投入方面所占比例较低，增长速度明显较慢，投资数量严重不足。从国家主体性科技计划项目情况来看，针对海洋发展的资金所占比例较低。虽然海洋科技投入不断增长，但速度相对缓慢，与其他产业存在较大差异，导致彼此之间的差距日益增大。我国始终注重科技发展，力图走科技强国之路，因此在研发投入方面强度较高，未来有望超过发达国家平均水平，这是一个可喜的现象，但在海洋科技投入方面存在不足，必然会成为今后的短板。

海洋科技资金来源单一。这是导致海洋科技投入不足的主要原因。从国外的科技经费渠道来看，其大多呈现多元化特征，我国在此方面明显不足，缺乏相对完善的多元化来源，难以保证足够的科技投入。从国内资金情况来看，政府财政是主要来源，由国家拨给相应资金进行海洋科技领域，缺乏其他资金供给。海洋科技本身具有特殊性，其公共品性质和外部性决定其对政府财政的依赖性，但如果仅仅依靠财政拨付将会带来诸多问题，引发一系列负面影响。国外资金来源呈现多元化特征，政府财政是其中的主流，市场作用同样不容忽视，二者相互结合，互为补充，有助于保证海洋科技投入，确保其呈现长期稳定状态，实现持续发展。财政投入必不可少，但企业依赖性过强将导致其投资主体地位无法实现，甚至最终引发财政预算失衡。海洋领域经济有其特殊性，盈利性相对较低，如果财政投入不能够获得较好回报，必然会影响投资的积极性。综观目前国内状况，国家注重海洋科技投入，财政资金给予大力支持，投资规模不断扩大，增长趋势明显，但对其进行深入分析发现，绝对值虽然呈现增长状态，但相对值发生相反变化，出现日益减少的情况，其增长速度明显低于非海洋领域科技投入，与工业部门差距加大。国家财政对海洋科技的投入虽然呈现绝对增长，但所占比例日益减少。由于政府投入不高，无法起到引导作用，难以发动社会资本，吸引企业资金，撬动工商资本，导致这些渠道的资金不愿意投入进来，进一步加剧了目前的局面。由此可见，政府投入不足是导致海洋科技投入欠缺的主要因素。海洋科技的发展有其特殊性，投资往往无法迅速见效，所用周期较长，与当前追求经济高速增长的形势难以契合，因此无法吸引政府资金的关注。目前财政资金走向，更多集中于工业化、城市化方面，政府更重视见效快、回报快的部门，往往将大量资金投入“短平快”的项目当中，政策上也会有所偏斜。

二　海洋科技创新投入结构和配置不够合理

首先，海洋科技投入结构不合理。一是海洋经济各环节，产前、产中环节是科技投入的主要领域，产后往往被忽视。这是影响海洋经济高质量发展的制约因素，需要加以调整，逐渐向产后倾斜，提高投入配置合理性。二是从研究类别看，应用研究和试验与开发研究是投入的主要方向，而基础研究往往被忽视。究其原因与前二者和市场的紧密程度密切相关，由于回报迅速而受到关注。这种配置虽然能够迅速见效，但必然会导致基础研究薄弱，影响我国海洋科技发展，使其难以获得创新性突破，未来缺乏发展潜力，科技创新受到影响，长此以往，不利于全面进步，必然会制约海洋经济高质量发展。

其次，公共投资与私人投资比例失调。从投资来源情况来看，私人海洋研发明显不足。政府始终提倡私人资金进入海洋研发领域，发挥其重要作用，同时出台各项优惠政策进行引导，促进资本投入。但综观目前实践情况，在海洋研发领域中民营企业所占比例明显较低，甚至呈现持续下降态势。对这一现象进行分析，考虑与我国公有制主体有关。国内海洋企业，仍以公有制企业为主，所占比例较高，规模相对较大，民营企业相对不足，如果投资海洋研发，将无法带来理想规模经济效益。由于社会资本投入较少，海洋研发资金不足，呈现出投资比例失调状态。国内政策环境不利于创新研究投资。我国以往经济基础较为薄弱，近几十年才得到飞快发展，在许多方面存在不足，如知识产权保护政策不完善，无法有效保护研究人员的科研成果，也难以发挥激励作用。政府在这方面认识欠缺，不能够采取积极的税收政策，产生激励效果，甚至会限制非政府组织的投入，这些都会导致海洋研发资金不足。海洋科技发展有其特殊性，回报相对较慢，资本回收周期较长，本身存在不确定性，难以对民间资本产生足够吸引力，这也是导致资金不足的一个原因。

最后，海洋科技从业人员配置结构不合理。从目前科技人才分布情况来看，大多集中于应用和研发领域，基础研究者相对较少，这是由于前者回报率较高。对这一现象进行分析，考虑这是急功近利思想作怪的结果，各科研单位面临着巨大创收压力，基础研究周期较长，无法迅速获得成效，往往需要大量投资，目前的制度并不有利于其发展，因而受到限制。国家缺乏相应的激励措施，在一定程度上也起到了制约作用。目前科技人员分布呈现明显不平衡状态，总量上相对较少，结构不合理，需要进一步优化，存在较大提升空间。

三　政府角色定位矛盾与行为偏离

海洋科技投入较大，回报较慢，周期较长，导致许多社会资本不愿参与其中，政府科技投入发挥主要作用。我国目前处于特殊时期，科技政策不断调整，体制改革如火如荼，政府角色定位发生着变化，目前仍存在一定问题。首先，政府过度投资。中华人民共和国成立以后我国一直执行计划经济体制，其影响始终存在。国家重视海洋科技投入，出台相关政策给予鼓励，力图发挥促进作用，但始终存在不足，激励机制不健全，其有效性大打折扣，政府承担着各项职责，市场调节效果难以发挥。一些科技产品本应由私人部门提供，但实际上仍依靠政府财政投入研发，导致其负担不断加重。综观目前情况，政府的科技投入政策问题重重，投入过多的情况始终存在，管得过多的现象十分普遍，大量财政资金用在了不应涉入的领域。如海洋应用技术开发，本应由私人企业和商业部门进行，但政府科研部门却参与其中，出台各项政策为自身创收，利用政府资源为自身谋利益。这种做法，一方面不利于非政府资本投入，挤占它们的投资空间，导致其无法进入科技领域，无助于未来长久发展；另一方面，稀释政府财政，减弱其财政力量，无法将财政更多地投入关键领域，最终影响海洋科技发展，带来相反作用。其次，政府投入过少。政府财政资金有限，应该投入更合适的领域。公共物品领域风险较高，投资回报较低，但自身正外部性较强，应是政府关注的部分，海洋科技领域即具有上述特征，应该是政府财政的主要方向。但实践中并非如此，政府在这些领域投资明显不足，资金相对较少，必然导致其发展受到影响。如基础研究领域投资回报率低，周期相对较长，难以吸引社会资金，需要政府给予大力支持。公益性研究领域同样面临上述问题，市场资金不愿进入，调节机制难以发挥作用，最终市场价格与成本之间存在距离，无法通过市场机制进行平衡。由于上述问题，导致成本与效益偏离，就需要政府参与其中，加以有效干预，从而保证其顺利进行。综观目前状况，此类领域投入严重不足，导致海洋科技受到影响，无法维持持续发展状态。

海洋科技人员管理失衡。由于历史原因，我国海洋科研机构存在诸多问题，改革势在必行，通过引入市场机制打破原有体制，促进其逐步变化，成为自负盈亏的市场主体。市场发挥作用，使其竞争力有所提升。目前改革将科研人员推向市场，主体方向并未发生偏斜，但由于配套政策体系不完善，经费难以保证，各项措施明显不足，导致他们更关注竞争性项目，希望能够短期获得回报。基础性和公共性海洋研究则不具备短期回报的特征，故而往往被忽视。国家没有采取积极的激励措施，必然会影响他们的积极性，在一定程度上也加剧了上述矛盾。综观国内状况，海洋科研机构与推广机构缺乏相关联系，和生产主体相脱节，应有的产学研一体化体系难以建立，反馈机制明显不足，科技投入和产出相割裂。在此背景下无法有效选择投入领域，难以做出及时调整，无法保证政府投资的确定性，有可能出现不当结局。

四　海洋科技管理体制有待进一步完善

综上所述，我国海洋科技管理体制存在诸多问题，目前虽然经过了多次尝试，所取得的效果清晰可见，但仍然未从根本上解决问题，必须对此有深刻认识。

首先，缺乏有效统筹协调机制。我国一直延续的海洋科技管理体制源自20世纪80年代，仍然以行政管理制度为主，多个行政部门各自负责，管理上相对封闭，呈现出条块化状态。这种体制虽然符合当时的要求，但在21世纪其缺陷日益凸显，行政依附性带来诸多弊端，管理体制需要改革。在这种大背景下各行政部门各自为政，管理上交叉重叠，许多不合理现象存在。经费管理受到诸多限制，难以达到最优化配置，不利于未来的科技创新，影响技术发展。

站在国家层面看待海洋科技管理，发现，多部门参与其中，其经费独立安排，来源渠道分散，统筹管理面临困难。从中央到地方涉及不同的政府部门，不同地方政府的科研优先领域设置不同，各部门之间存在差异，隶属关系相对混乱，这将导致财政资金拨付难题，并使其使用效率大幅度下降，各管理部门难以统一。综观科研单位组织结构，我国存在两大体系，其中之一为海洋科研院所，另一类为海洋类大学。从各省分布情况来看，大多两个体系并列存在，既有国家级单位又有省级单位，它们在专业设置上难以统一筹划，导致学科专业重复现象十分普遍。这些机构和学校进行的科研项目彼此重复，公关课题相互重叠，各自为政情况也较为普遍。由于缺乏统一筹划，各单位需要独立购置相关仪器和设备，浪费大量资金，闲置情况较常见，损失十分严重；相关人才不能统一利用，经济上较为分散，经费无法合理安排，浪费现象难以避免。

其次，课题经费申请流程不合理，操作上有所欠缺。综观我国的科技计划，主要采取竞争式投入方式，虽然在一定程度上可以发挥促进作用，但是过度竞争将会导致负面影响，引发诸多不符合科研规律的现象，科技活动难以正常进行。海洋科研机构采取上述投入方式，必然会使其过度分散，增加非研究活动成本，不利于资源合理配置。纵观目前课题申报流程，不合理现象十分严重，各个环节皆出现问题，不相关事宜众多，严重挤占资源，造成巨大浪费。一线研究人员无法集中精力进行研究，大量时间浪费在前期申报的事务性工作方面，必然会对科研产生影响。他们面对各种烦琐流程，必须不断投入精力加以应对，导致科研时间被占用。从目前项目期限设置情况来看，存在与实际研究周期不一致的现象，无法满足现实需求。海洋科技创新本身具有特殊性，需要周期较长，尤其是基础性研究更是如此，但目前周期设置相对较短，大多不超过5年，无法满足基础研究需要，导致其持续稳定发展受到影响。

最后，缺乏有效海洋科技投入运行机制。科研、推广和生产是海洋经济发展的重要环节，彼此之间紧密联系才能真正发挥作用。但综观目前国内情况，各环节严重脱节。科研机构和院校是科技研发的主体；推广则需要依靠推广机构和中介的作用，从而真正实现成果转化；经营主体负责自主经营，三者之间有效衔接，确保海洋经济发展。目前缺乏有效的衔接机制，导致各自为政的现象普遍存在；同时它们也有内部问题，进一步加深了现有矛盾。在海洋科技发展过程中，科研机构和高校负责研发环节，企业在此方面明显不足，力量相对较弱，不能够保证投入，研发机构相对较少，甚至未设置研发机构。这些企业缺乏研发能力，仅能够完成技术推广与初级转换。从目前国内科技推广情况来看，低效率情况普遍存在，长期以来未曾改变，导致科技成果难以转化，企业无法完成推广任务。而从生产主体情况来看，缺乏科技需求意愿，同样也制约海洋科技发展。综观目前科技投入运行机制，不平衡现象十分普遍，这使得研发机构对政府资金的依赖性增大，无形中加大了财政压力，降低了投资效率。针对这种现象需要加以关注，采取有效措施进行调整，调整既有的科技投入体系结构，促进研发环节下移。企业应该承担起主体功能，建立多元投入机制，政府充分发挥作用，完善风险投资机制，促进保险机制的形成，调整规章制度，在政策上给予倾斜，同时增强法律的保障作用，弥补既有制度的不足，这样才能从根本上解决这一问题。但从国内现有情况来看，短期扭转局面的可能性不大。

第四节 本章小结

本章阐述国内海洋科技创新驱动海洋经济发展的现状和问题。分别阐述了海洋科技创新与海洋经济高质量发展的现状，并探析了阻碍海洋科技创新驱动海洋经济高质量发展的问题，有以下四个方面：海洋科技创新投入总量不足；投入结构不合理、配置不完善；政府定位出现偏差，存在行为偏离；管理体制不完善，需要进一步改进。

第四章　海洋科技创新驱动海洋经济高质量发展的机理分析

第一节　海洋科技创新形成机理

在实践当中，我国海洋科技创新究竟如何驱动海洋经济高质量发展是亟待解决的问题，我们必须要对参与主体进行研究，同时还需了解海洋科技应用到海洋经济生产活动的三大类别，即基础、应用与开发研究。它们在海洋科技中处于不同地位，具备不同功能，同时又彼此相连，首尾相接，成为必不可少的环节。海洋科技活动包括多个部分，从产生到发展，从传播到应用都与这些环节密切相关。基础研究与应用研究不可割裂，同时与产业化紧密相连，三者之间相互协调配合，共同成为整体的一部分。科学发现是其中的第一个环节，基础研究在其中起到主要作用；技术发明构成了第二环节，需要通过应用研究来完成；海洋创新是第三环节，其实现需要依赖开发研究。人们通过基础研究探寻机制所在，积累相关科学知识，发现科学现象；在此基础上展开应用研究，促进技术发明出现，扩大技术设计存量；将研究成果应用于某些项目当中，完成开发过程，有可能形成商用技术或知识，此时具备了创新投入的基础。投资主体可以采取投资行为，利用成功的创新获得经济利润，同时也会对其他使用者产生影响，使创新技术能够更快速地扩散出去（见图4－1）。

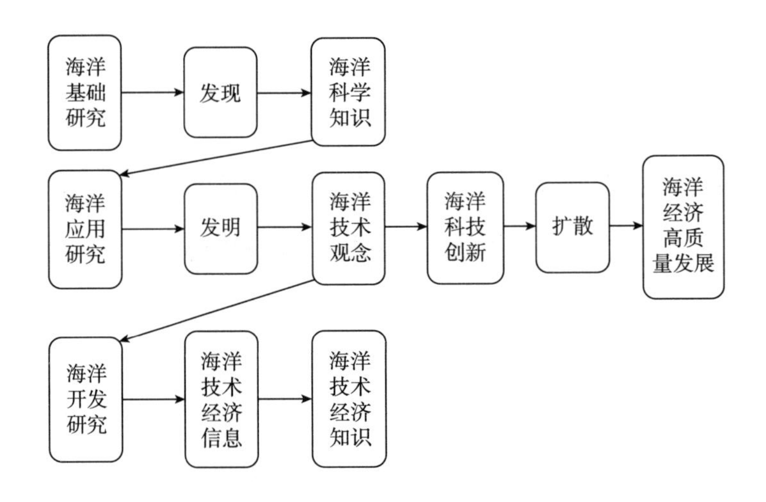

图 4-1　海洋科技创新形成机理示意

一　海洋基础研究环节

基础研究的最终目的是发现基础理论，因此科学发现是其核心所在，通过上述研究可以取得重大理论突破，为应用研究奠定基础，同时是海洋开发的前提，也是创新的基本源泉。基础研究投入较大，经历周期较长，最终获得的结果必然有助于应用研究的突破，促进其质量的提升。基础研究决定着应用研究的方向，因而具有导向作用，产生决定性效果。

二　海洋应用研究环节

应用研究的最终结果为技术发明，此处与基础研究有所不同。基础研究是应用研究的前提，理论成果是研究的最终目的，而成果转化则需要依靠应用研究，使其成为可应用技术。科学与技术二者并不相同，其本质差别不容忽视。科学的侧重点在于知识，而技术的本质为应用，是知识转化的一个过程，将其用于生产当中，决定着生产要素的产出情况。科学本身具备公共性，作为公共物品存在；而技术本身具有私有性，属于私人物品。技术与科学有着本质区别，却可以将知识和理论转换为经济效用，如何做到这一点目前仅为一个概念。综观海洋技术，许多发明被研究出来，却不能够被很好地应用于实践当中，二者存在严重脱节。

应用研究及技术发明的目的是要将科学知识转变为应用性生产，即完成投入与产出的转换，可以通过这一中介环节提高产出，提升生产率，从而发挥重要作用，产生枢纽效应。

三　海洋开发研究环节

开发研究等于产业创新。技术发明的新观念需要通过产业创新才能实现转变，从而作用于生产过程，形成经济行为。熊彼特对创新进行研究，认为其实质上是实行一种新的生产组合，在此过程中利用新产品、新工艺达到上述要求，最终完成技术思想的商业化。站在海洋领域看待上述问题，技术发明需要经过多个环节才能实现产业创新，是海洋生产主体完成的系统工程，从评价到论证，从决策到实施，从中试到试产，从批量生产到大规模生产，最终完成市场营销，实现了整个经济过程。通过上述环节，观念转化为生产活动，设计实现了商品化，高利润与高风险相并行。生产率的提升与开发研究和产业创新密切相关，后者作为重要环节发挥作用，其复杂性不可避免，能够真正体现出经济目的所在。

上文所提及的各类别研究都可体现在生产率方面，各自对应不同环节，相互独立又互为联系，与科技生产率效应密切相关，必须重视它们，进行合理匹配，才能使其真正发挥作用，达到理想目的。

第二节　海洋科技创新分层驱动海洋经济高质量发展的机理分析

海洋科技创新是驱动海洋经济高质量发展的关键环节。如图4－2所示，海洋经济的高质量发展的同时又促进了海洋科技创新投入的增加和海洋科技创新环境的改善，从而又进一步推动海洋科技创新能力提升，这使得海洋科技创新因素在海洋经济高质量发展中的贡献率大大提高。接着，海洋科技创新能力的提升又会引发新一轮的海洋科学技术变革，进一步提高要素的生产效率，从而推动海洋经济的高质量发展。这一过程首先从微观层面企业主体的海洋科技创新开始。在利润驱动下，企业一方面通过对于海洋产品的创新适应或者引领市场需求，强化海洋产品的独特性，提高市场占有率，获得市场竞争的产品优势；另一方面，企业努力通过提高海洋科学技术水平降低生产成本和管理成本，获得市场竞争的成本优势。随着时间的推移，这一过程会被更多的企业模仿，新的海洋产品被不断生产出来，原有的旧海洋产品逐渐淘汰。消费者对于创新性产品的追逐，必将引起需求结构的变化。这种由产品创新开始而引发的微观需求结构变化，最终会导致市场上供给结构的变化，即新产品代替传统产品；中观层面上新产业逐渐代替传统产业，引发经济社会新一轮产业结构的升级，最终在宏观层面上带来经济增长。

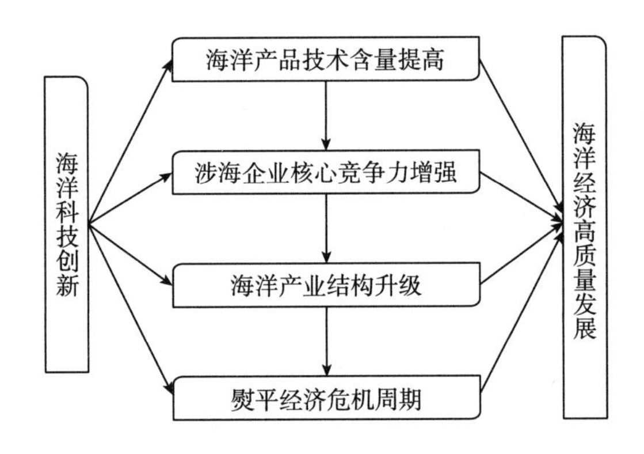

图 4－2　海洋科技创新驱动海洋经济高质量发展的机理

经典创新理论将技术创新解释为科技和经济紧密结合的活动，是发现新科技、商品化新发明、市场化新技术的过程。提高海洋科技创新是推动海洋经济高质量发展的根本动力，通过提高企业的生产效率，增强企业的竞争能力，从而调整产业结构并迅速进行升级，转变经济增长方式，最终有效提高海洋经济的高质量发展。

一　宏观层面海洋科技创新驱动海洋经济高质量发展的机理分析

区域竞争优势可以通过海洋科技创新体现出来。Porter（1990）针对要素驱动、投资驱动、创新驱动和财富驱动进行研究，阐述了它们的特征及演进过程，指出其在创新中发挥的作用。创新与经济发展密切相关，是其中的核心所在，在整个经济体系中发挥重要作用，可以有助于促进海洋经济高质量发展，促进发展模式的改变。创新可以形成"溢出效应"，发挥拉动经济的作用，从而形成良性循环，产生持续性功效，促进社会财富的合理分配，进而达到理想效果。

目前理论研究显示海洋科技创新可以驱动海洋经济高质量发展，图4－3中已明确其机理所在。海洋科技创新能够发挥带动作用，促进人口结构调整，拉动区域消费，使需求偏好出现转移，这将有助于调整生产要素投入比例，优化相应结构，提高运行模式效率，从而推动海洋经济高质量发展。海洋科技创新的作用主要体现在两方面，既可以促进产业结构调整，又可以转变经济增长方式，通过双向作用达到最终目的。

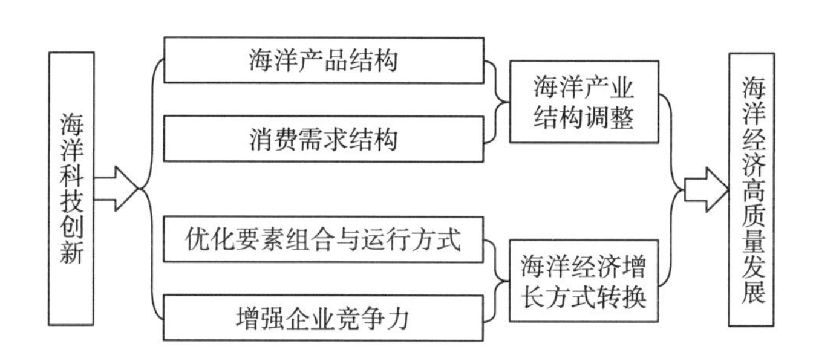

图4－3　宏观层面海洋科技创新驱动海洋经济高质量发展的作用

海洋科技创新地域属性较强。我国有漫长的海岸线，沿海城市众多，各地资源存在差异，环境条件有所不同，它们依据自身优势形成了各种特色产业，因此对于科技创新的需求也会有所不同，这就导致海洋经济结构并不统一。从目前情况来看，这些沿海省市已形成了一定产业基础，在不同区域有所发展，可以在此前提下进行技术创新，促进产业升级，使新兴产业代替落后产业，并最终推动区域海洋经济高质量发展。

区域内生产要素组合比例受科技创新影响，后者起到决定性作用。技术水平的提高使生产要素的投入比例发生变化，增长方式有所不同，必然会对海洋经济产生影响，带动其高质量发展。

（一）海洋科技创新对产业结构升级的影响

第一，调整产品结构，推动海洋产业结构升级。海洋科技创新会对新产品产生影响，促进生产要素重新组合，必然会带动社会分工变化，加快区域分工发展，对新兴海洋产业产生推动作用，促进区域内产业升级。新兴产业主要以两种模式形成：一是不断有新产品推出，新的生产方式代替旧的生产方式，最终导致新产业兴起；二是对原有海洋产业进行改造，促进其分化，新的海洋产业形成。海洋新产品不断被生产出来，为新兴产业的发展创造条件，提高了它们的竞争能力，加快了落后产业淘汰速度，最终导致被替代，从而达到优化产业结构的目的，促进其提升。

第二，推动消费需求结构调整。创新能力的提升会产生促进作用，推动创新活动开展，加快产品更新换代，对消费者产生影响，使其消费需求偏好发生改变，进而带动区域消费结构变化。上述过程可以进一步促进新兴产业兴起，从而满足消费需求。旧产品逐渐被淘汰，需求量大幅度下降，这就促进其背后的旧技术更新，旧产业逐渐萎缩，最终被新兴产业所替代。活动的作用并不局限于此，技术的提升有助于成本的控制，最终将会体现在产品价格方面，价格优势使企业获得更多竞争能力，从而在市场上获得更大份额。当消费者的需求偏好发生变化时，他们的潜在购买力将会出现转化，最终以实际支付能力体现出来。由此可见，创新是产业结构调整的原动力，它通过调整消费需求结构发挥作用，促进新兴产业发展。

随着产业结构的优化，资源配置发生改变，效率不断提高，生产要素发生流动，逐渐向高生产率部门汇集，使要素生产率得以提升。产业变化对区域经济产生影响，发挥带动作用，促进产业调整，淘汰落后产业，使新兴产业得以持续增长，区域经济稳定发展。

（二）海洋经济高质量发展方式转变

技术创新可以带动海洋经济高质量发展，具体分为粗放型和集约型两种方式。粗放型增长是一种外延式增长方式，其特征在于数量增长，增长效率相对低下。集约式增长是一种内涵式增长方式，其特征表现为高质量增长，最终体现在高效益方面。集约型增长方式离不开海洋科技创新，后者为其提供技术支持，从而有效降低成本，节约能源，促进效益提升，产生促进作用，对海洋经济发挥影响力。

通过科技创新，对生产要素产生影响，使其发生重新组合，促进投入要素质量的提升，从而达到优化配置的目的，提高配置效果，形成最佳要素组合，更好地推动经济发展，以最佳的运行模式发挥作用。技术的提升可以有助于成本控制，为企业带来更多利润，在竞争中获取优势，从而对海洋经济产生影响，促进其发生转变。科技创新包含诸多方面，需要从海洋知识创造入手，实现技术对接，加强技术创新，完成成果转化，最终将其应用于实践当中，通过上述过程达到创新目的，满足生产需求。企业是科技创新的主体，通过创新使它们的产品技术含量增加，从而更好地占领市场，在竞争中获取优势。通过技术创新获得一系列成果，再利用技术扩散的方式传播出去，促进区域产业结构调整，使市场结构发生变化，带动外贸结构变革，调整原有发展模式，促进海洋经济发展。当企业占据技术优势后，必然会获得更多利润，其他企业定随之效仿，产生扩散效应，引发上述结果。

二　微观层面海洋科技创新驱动海洋经济高质量发展的机理分析

熊彼特对创新活动进行研究，认为企业家在其中发挥重要作用，作为活动主体而存在。站在微观层面来看，当企业拥有技术创新能力，那么它们的创新活动会为之带来垄断利润，促进企业发展，赢得更多市场。这一切必然会促进技术扩散，其他企业随之模仿，原有的稀缺性优势消失，企业无法再获取超额利润。当企业的优势丧失时，它们的利润会受到影响，为了维持原有状态必然会不断创新，提升自己的创新能力，从而更持久地获得超额利润。

如图4－4所示，涉海企业要想维持持续的竞争力就需要不断提升创新能力，最终达到生产目的。科技创新有助于提升企业竞争力，既可以通过产品创新达到要求，又可以走过程创新之路。产品创新强调产品的商业化，通过技术创新生产出具有新功能的产品，增加产品种类，提升产品质量，满足消费者更高要求。过程创新主要强调技术变革，促进创新要素调整，形成新的组合，提高组织管理水平，促进结构优化。企业可以通过上述过程获取优势，维持其垄断地位，获得超额利润，从而赢得更多市场，提升自己的竞争能力。

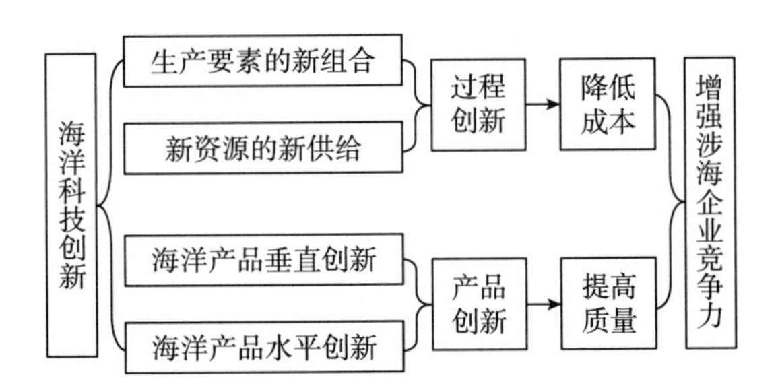

图4－4　海洋科技创新促进涉海企业竞争力作用机理

（一）生产要素的新组合

可以从两方面体现生产要素的新组合。

第一，科技创新可对生产要素产生影响，导致其边际生产率发生变化，但这种影响往往呈现非均衡状态。对于不同生产要素其影响有所不同，最终产生替代和重组效应。科技创新促进生产要素组合方式的转变，使其产生新的结合模式，从而提高使用效率，降低生产成本。这种影响主要体现在以下方面：一是科技创新有助于劳动者素质的提升，后者作为重要因素发挥作用，通过改变其相对边际生产率，可以达到提高劳动生产率的目的，同时节约人力成本，减少投入量，也有助于边际生产率的提升。二是通过科技创新，使得学习成本有所下降。科技的进步促使工作方法不断改进，工作效率会随之提升，大大节省了生产时间，降低相应支出，拉低学习曲线，促进生产量提升。由此可见，技术创新可以通过上述方式降低产品成本，从而达到获取更高利润的目的。三是科技创新有助于提高海洋资本使用率，单位投入量能够获得更大产出，从而节约了成本，最终达到提高边际产出率的目的。

第二，科技创新促进企业组织结构调整，优化管理模式，使区域生产要素发挥作用，使其形态和功能出现转变。在技术创新的前提下实现生产要素的新组合，促进成本的降低。

图 4 -5 可以解释这一过程。k 为人均资本存量，y 为人均产出，$y=f(k)$。由此可见 k 与 y 呈正相关关系。初始时人均产出曲线为 $f(k)$，科技创新促进要素边际产出增加，该曲线有所上移，最终到达 $f'(k)$。如果投入不变，曲线上移提示人均产出水平提高。k_0 为人均要素投入量，人均产出在原有技术水平和创新后分别为 y_i 和 y_2，提示有明显提升。

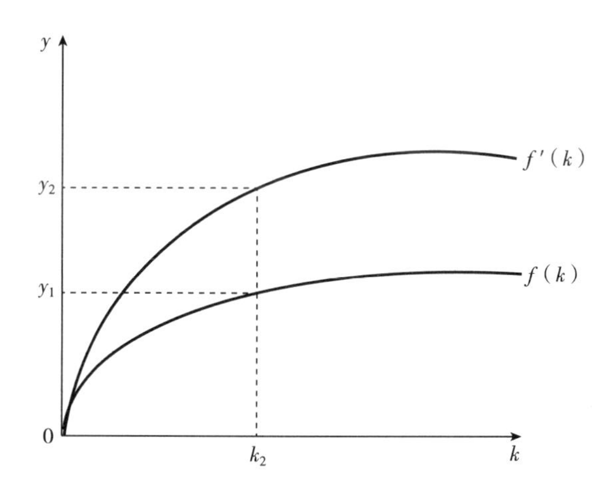

图 4 -5　海洋科技创新对产出的影响

图4－6显示如果人均产量不变，科技创新可以使要素投入减少。由于人均产出曲线发生上移，在y_0不变的前提下，人均资本投入由k_1下降到k_2，显示其明显减少。

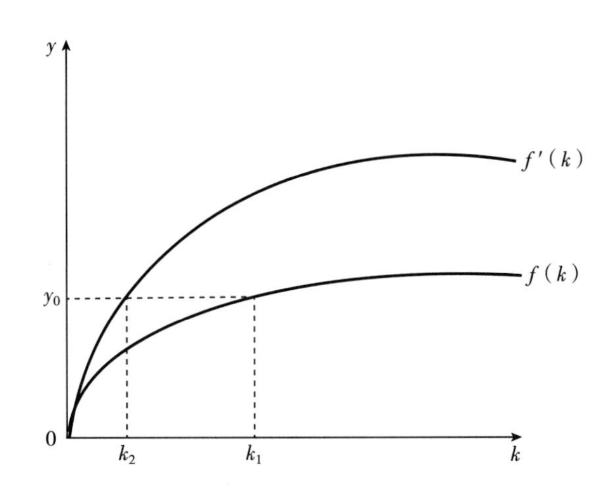

图4－6　海洋科技创新对投入的影响

（二）新资源的供给

通过科技创新，可以有效利用海洋新材料，合理开发海洋新能源，使得生产要素的稀缺性有所下降，从而对要素边际收益产生影响，达到降低生产成本的目的。其主要通过如下方面满足要求：一是拓展可利用海洋资源范围。随着科学技术的发展，人们的认知水平不断提升，对世界的认识发生变化。海洋科技创新促进了新材料的利用，拓展新能源开发，使人们能够更好地发现与使用它们，应用范围日益拓展，从而对要素边际递减规律产生影响，发挥阻挡作用。二是加大对海洋资源的利用。通过技术创新提高人们对海洋资源的利用能力，从而更好地挖掘其潜在价值，达到降低成本的目的。要素资源的利用是发展的基础，技术创新使得其深度和广度皆有所扩展，最终缓解资源稀缺性，对生产要素边际收益产生影响，阻碍递减规律，降低生产成本。

图4－7假设两个生产者A和B从事海洋经济活动，分别生产出X和Y两种产品，L为海洋劳动数量，K为海洋资本数量。生产

帕累托最优组合都出现在等产量线切点上，连接其形成契约曲线。曲线上 X 产量为 X_1，则提示现有技术及资源的前提下 Y 最大产量为 Y_3。Y 产量为 Y_1 时提示 X 最大产量为 X_3。图 4－8 描绘 X 和 Y 在曲线上的产量组合，形成生产可能性曲线（PP 曲线），即技术外生给定时一个海洋社会所有要素的最大产出边界。曲线内侧和外侧的产量组合分别表示现有技术及资源的前提下的产量集合和不可能性产量集合。

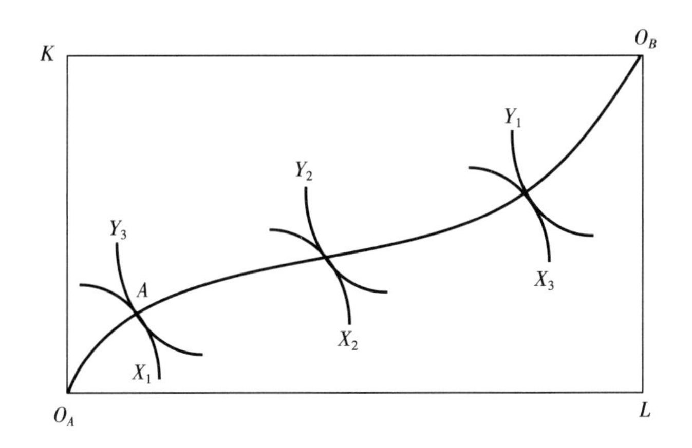

图 4－7　海洋科技创新发生前的生产契约曲线

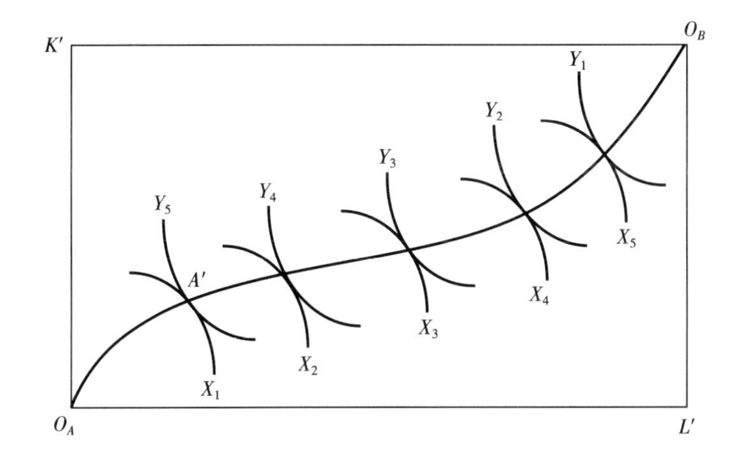

图 4－8　海洋科技创新发生后的生产契约曲线

随着科技创新，原有的海洋要素必然会有所增加，这与新要素的开发和利用密切相关，同时也可能来自传统要素的改造。图 4－9 显示含资源数量发生改变。此时曲线上 X 产量为 X_1 时，Y 最大产量为 Y_5；而当 Y 产量为 Y_1 时，X 最大产量为 X_5。图 4－10 为变化后的生产可能性曲线（PP'）。

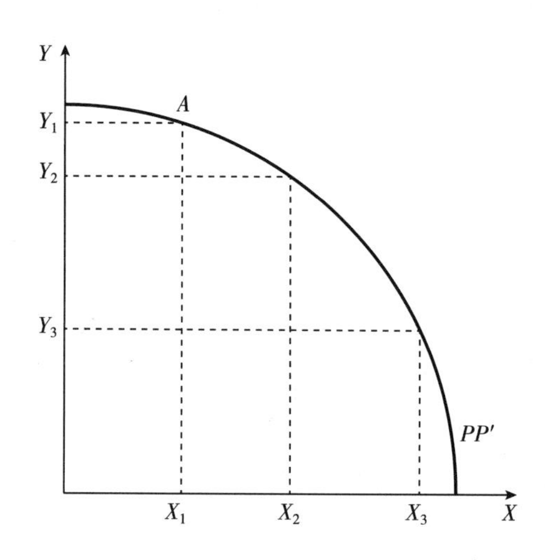

图 4－9　海洋科技创新发生前的生产可能性曲线

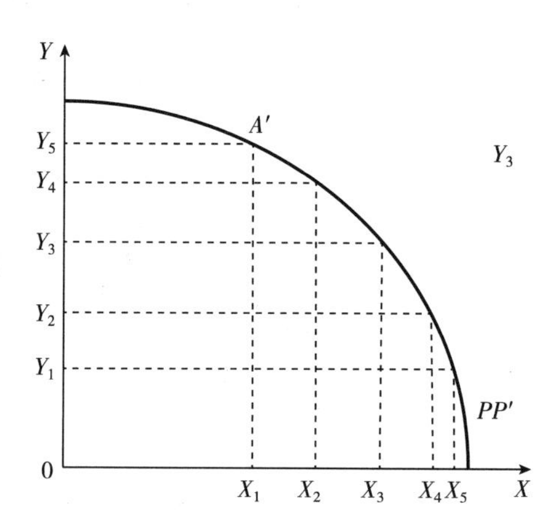

图 4－10　海洋科技创新发生后的生产可能性曲线

这种变化的结果我们用图 4－11 表示，在海洋科技创新发生后，由于技术水平的提升使得海洋要素数量增加，海洋社会生产可能性曲线 *PP* 向外平移至 *PP′*，整个海洋经济社会的潜在产出因此增加。

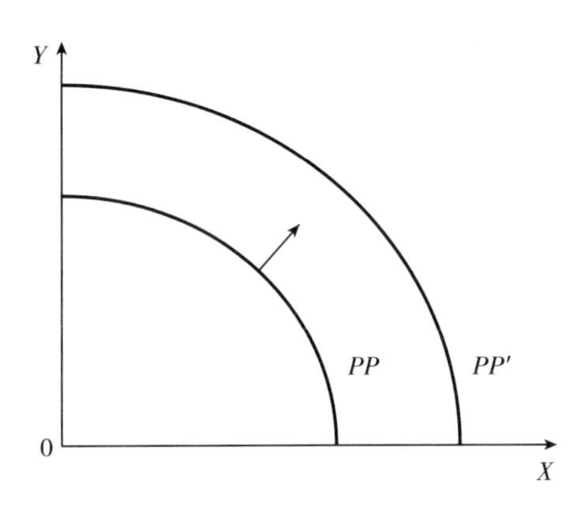

图 4－11　生产可能性曲线的移动

（三）海洋产品水平创新

当企业家生产出一种新的海洋产品，并将其引入海洋经济当中，那么就完成了海洋产品水平创新。技术创新带来的新的产品，其多样性发生改变，与原有产品成效水平，被称为水平创新。海洋产品水平创新具有一定优势，主要体现于两方面：一是相对于竞争对手企业的产品更为丰富，服务更具有优势，因此竞争能力更强，更容易占领市场，吸引更多顾客，从而促进海洋经济高质量发展。二是通过水平创新，开发出更多海洋产品，满足消费者多样需求，提高其选择性，相对于原有产品更具有优势，从而赢得更多消费者，扩大这一群体，促进消费行为的达成，有利于企业开拓市场，提升均衡产量，同时也促进了海洋经济的增长。通过水平创新使企业更具竞争实力，满足消费者多样需求，从而为自身赢得更多优势。创新增加了产品的多样性，带动均衡产量，从而达到促进海洋经济发展的目的。

（四）海洋产品垂直创新

技术创新同样可以带动产品改造，提高原有产品质量，被称为垂直创新。这些海洋产品本身依然存在，技术创新手段可以使其质量有所提升，与原有产品相比占据优势，形成垂直关系。涉海企业进行技术创新，最终达到提高产品质量的目的，对原有产品进行改造，满足消费者的不同需求，使其偏好发生改变，最终刺激消费行为的形成，拉高均衡产量，必然也会促进海洋经济发展。

第三节　本章小结

本章探究了海洋科技创新驱动海洋经济高质量发展的机理。首先分析了海洋科技创新的各个环节（基础研究环节、应用研究环节、开发研究与产业化环节）的关系以及驱动海洋经济高质量发展的机理。其次，基于宏观层面和微观层面不同的视角，对海洋科技创新驱动海洋经济高质量发展的机理进行分析。

第五章　海洋科技创新驱动海洋经济高质量发展的因素分析

第四章对海洋科技创新驱动海洋经济高质量发展的机理进行分析，然而一些因素影响和制约着海洋科技创新驱动海洋经济高质量发展，充分发现并认识这些不同因素对海洋科技创新驱动海洋经济高质量发展的影响，是优化和完善海洋科技创新环境、促进海洋经济高质量发展的必要途径。如果不考虑这些外部制约条件对海洋科技创新驱动海洋经济高质量发展的影响，而一味地强调提高海洋科技创新，很可能会与促进海洋经济高质量发展的目的背道而驰。本章基于面板数据采用计量模型进行研究，并据此探讨了优化海洋科技创新驱动海洋经济高质量发展的对策及建议。

第一节　理论分析与研究假设

现实情况中，我国沿海 11 省份的海洋科技创新驱动海洋经济高质量发展过程很难呈现简单线性关系，诸多因素均有可能对驱动过程产生影响，即海洋科技创新驱动海洋经济高质量发展可能存在一定“门槛”特征。当该地区的海洋科技创新能力达到一定阈值时，受因素影响，海洋经济高质量发展呈现显著的跃升。考虑到现有文献对海洋科技创新驱动海洋经济高质量发展的“门槛”特征研究涉及极少，本章通过梳理相关文献，从相关研究来看，海洋科技创新驱动海洋经济高质量发展极可能因当地对外开放、金融发展、人力资本、政府投入和技术投入5个因素的差异而产生。

（一）对外开放因素

随着经济全球化进程的不断加快，海洋科技创新与海洋经济发展皆在不同程度上受到对外开放所带来的外部影响。尤其是在我国海洋科技发展起始点晚于西方发达国家的情况下，部分海洋高尖端技术创新仍依赖于对所引进技术的复制与改造。因此对外开放程度越高，产业各科技创新主体越容易接触到全球最前沿、最顶尖的高尖端技术与产品，帮各主体更好地了解全球技术市场动向，提升科技创新的有效性与时效性。[①] 与此同时，对外开放程度的提高，能够有效加快国内海洋科技人才等创新要素的流动，促进创新资源配置优化进程，进一步提升产业经济发展水平。[②] 据此，本章提出如下假设：

H1：对外开放程度对海洋科技创新驱动海洋高质量经济发展具有正向影响。

（二）金融发展因素

海洋科技创新过程是高投入、高风险、高回报的技术研发过程。过程中除知识、技术等隐性资源外，更依赖于充分的研发资金资源的支持。目前研发资金来源渠道主要分为三类：政府投入、企业等创新主体投入以及金融机构投入。相比前两者投入力度，金融机构的资金投入额度更大，对整体创新过程影响更为剧烈。研究表明，新技术创新需在大量、长期持续的研发经费投入的基础上，仅依靠政府专项资金投入以及创新主体自身研发经费支持远无法满足技术创新的需要。即使具备丰富创新资源与庞大经费支持的企业，在进行技术创新过程中也存在外源融资现象。基于金融机构的介入，企业能够在有效转移创新风险的同时，增加研发的资本投入，保证研

① 程娜：《可持续发展视阈下中国海洋经济发展研究》，博士学位论文，吉林大学，2013年。

② 李彬：《资源与环境视角下的我国区域海洋经济发展比较研究》，博士学位论文，中国海洋大学，2011年。

发经费投入持续性和有效性，进一步促进创新效率的提升。据此，本章做出如下假设：

H2：金融发展对海洋高科技创新驱动海洋经济高质量发展具有正向影响。

（三）人力资本因素

人力资本是海洋科技创新活动中不可或缺的要素，也是海洋经济发展的重要基础，在海洋科技创新驱动海洋经济发展过程中，人力资本更是充当重要的推动力。海洋科技创新活动本质上是知识与基础的创新活动，而知识等隐性资源的主要载体是具有相关领域知识与技能的人才，因此可以认为，人力资本的投入本质上是知识与技术的投入，是科技创新活动中的基本要素。在科技驱动产业经济发展过程中，直接影响力体现在科技创新产品对经济发展的影响。科技创新产品的形成根本上是依赖于知识与技术的投入，即人力资本在海洋科技创新过程中的投入程度。以往研究证明，人力资本投入强度直接对科技创新推动产业经济发展过程产生显著影响，影响程度随人力资本投入强度的提升而增强。[①] 基于此，本章提出如下假设：

H3：人力资本投入对海洋科技创新驱动海洋经济高质量发展具有正向影响。

（四）政府投入因素

在海洋科技创新驱动海洋经济高质量发展过程中，政府部门承担起引导、推动、保障等宏观调控作用：首先，海洋科技创新活动是相关创新资源有效融合的过程，无论是知识、技术还是研发资金，其流动过程皆需要在政策与法律框架下进行，任何超越框架的资源流动都是无效的。除此之外，政府对科技创新的影响还体现在经费投入方面。正如前文所述，目前海洋科技创新活动的资金支持

---

① Leamer E. A.，"Trade Economist's View of U. S. Wage and Globalization. Semnar paper"，Department of Agricultural and Resorce Economics University of Connection，1995.

主要来源于三个方面，其中财政资金投入是创新资金的重要来源之一。其次，海洋经济高质量发展离不开政府部门的投入与支持。一方面，政府部门为海洋经济高质量发展提供目标导向与整体规划。通过政策投入、项目设立等方式，促使海洋产业内各经济体沿政府规划方向前进，努力促进海洋经济高质量发展。与此同时，由于海洋经济高质量发展的复杂性与多变性特征的复合作用，仅靠市场自身调解能力已无法满足海洋经济高质量发展需求，因此需要借助政府宏观调控能力，维持海洋经济稳、快、高的发展状态。另一方面，政府投入能够有效保证海洋高质量发展稳步推进。通过政策、法规等措施，为海洋高质量发展提供健康的外部环境保障。据此，本章提出如下假设：

H4：政府投入对海洋科技创新驱动海洋经济高质量发展具有正向影响。

（五）技术投入因素

技术投入强度是衡量海洋科技创新资源投入水平的重要指标之一，一般而言，技术投入强度越高，海洋科技创新能力越大，其对海洋经济高质量发展的驱动作用就越明显。相关研究表明，科技创新驱动经济高质量发展在很大程度上受技术投入强度影响。技术投入强度的不同，致使不同区域间科技创新驱动经济高质量发展效果存在显著差异，技术投入强度越大，科技创新驱动经济高质量发展效果越明显。基于此，本书提出如下假设：

H5：技术投入强度对海洋科技创新驱动海洋经济高质量发展具有正向影响。

第二节　模型设定

一　基本模型设定

用传统的 Cobb - Douglas 生产函数形式来构建反映海洋科技创

新驱动海洋经济高质量发展的生产函数：

$$MEC_{it} = A_{it} MST_{it}^{\alpha} \tag{5-1}$$

其中 MEC 为海洋经济高质量发展，MST 为海洋科技创新，A 为技术效率；α 表示海洋科技创新的产出弹性；i 代表省份，t 代表年份。

本章通过构建门槛面板回归模型来进一步探究海洋科技创新和海洋经济高质量发展之间可能存在的非线性关系。

因此参考 Hansen 门槛回归模型做法，以式（5－1）为基础，从而创建海洋科技创新与海洋经济高质量发展的双重门槛回归模型。

（1）以对外开放程度为门槛变量

海洋经济高质量发展的技术效率 A 由金融发展 FD、人力资本 HC、政府投入 GI 和技术投入 TI 组成。因此，技术效率 A 可以写为：

$$A_{it} = e^{\phi T_i} \cdot FD_{it}^{\lambda_1} \cdot HC_{it}^{\lambda_2} \cdot GI_{it}^{\lambda_3} \cdot TI_{it}^{\lambda_4} \tag{5-2}$$

$$\ln MEC_{it} = \lambda_1 \ln FD_{it} + \lambda_2 \ln HC_{it} + \lambda_3 \ln GI_{it} + \lambda_4 \ln TI_{it} + \alpha_1 \ln(MST) \cdot I(\ln OPEN \leqslant \theta_1) + \alpha_2 \ln(MST) \cdot I(\theta_1 < \ln OPEN \leqslant \theta_2) + \alpha_3 \ln(MST) \cdot I(\ln OPEN > \theta_3) + \phi T + \varepsilon_{it} \tag{5-3}$$

（2）以金融发展程度为门槛变量

海洋经济高质量发展的技术效率 A 由对外开放 $OPEN$、人力资本 HC、政府投入 GI 和技术投入 TI 组成。因此，技术效率 A 可以写为：

$$A_{it} = e^{\phi T_i} \cdot OPEN_{it}^{\lambda_1} \cdot HC_{it}^{\lambda_2} \cdot GI_{it}^{\lambda_3} \cdot TI_{it}^{\lambda_4} \tag{5-4}$$

$$\ln MEC_{it} = \lambda_1 \ln OPEN_{it} + \lambda_2 \ln HC_{it} + \lambda_3 \ln GI_{it} + \lambda_4 \ln TI_{it} + \alpha_1 \ln(MST) \cdot I(\ln FD \leqslant \sigma_1) + \alpha_2 \ln(MST) \cdot I(\sigma_1 < \ln FD \leqslant \sigma_2) + \alpha_3 \ln(MST) \cdot I(\ln FD > \sigma_3) + \phi T + \varepsilon_{it} \tag{5-5}$$

（3）以人力资本程度为门槛变量

海洋经济高质量发展的技术效率 A 由对外开放 $OPEN$、金融发展 FD、政府投入 GI 和技术投入 TI 组成。因此，技术效率 A 可以写为：

$$A_{it} = e^{\phi T_i} \cdot OPEN_{it}^{\lambda_1} \cdot FD_{it}^{\lambda_2} \cdot GI_{it}^{\lambda_3} \cdot TI_{it}^{\lambda_4} \tag{5-6}$$

$$\ln MEC_{it} = \lambda_1 \ln OPEN_{it} + \lambda_2 \ln FD_{it} + \lambda_3 \ln GI_{it} + \lambda_4 \ln TI_{it} + \alpha_1 \ln(MST) \cdot I(\ln HC \leqslant \sigma_1) + \alpha_2 \ln(MST) \cdot I(\sigma_1 < \ln HC \leqslant \sigma_2) + \alpha_3 \ln(MST) \cdot I(\ln HC > \sigma_3) + \phi T + \varepsilon_{it} \tag{5-7}$$

（4）以政府投入程度为门槛变量

海洋经济高质量发展的技术效率 A 由对外开放 $OPEN$、金融发展 FD、人力资本 HC 和技术投入 TI 组成。因此，技术效率 A 可以写为：

$$A_{it} = e^{\phi T_i} \cdot OPEN_{it}^{\lambda_1} \cdot FD_{it}^{\lambda_2} \cdot HC_{it}^{\lambda_3} \cdot TI_{it}^{\lambda_4} \quad (5-8)$$

$$\ln MEC_{it} = \lambda_1 \ln OPEN_{it} + \lambda_2 \ln FD_{it} + \lambda_3 \ln HC_{it} + \lambda_4 \ln TI_{it} + \alpha_1 \ln(MST) \cdot I(\ln GI \leqslant \sigma_1) + \alpha_2 \ln(MST) \cdot I(\sigma_1 < \ln GI \leqslant \sigma_2) + \alpha_3 \ln(MST) \cdot I(\ln GI > \sigma_3) + \phi T + \varepsilon_{it} \quad (5-9)$$

（5）以技术投入程度为门槛变量

海洋经济高质量发展的技术效率 A 由对外开放 $OPEN$、金融发展 FD、人力资本 HC 和政府投入 GI 组成。因此，技术效率 A 可以写为：

$$A_{it} = e^{\phi T_i} \cdot OPEN_{it}^{\lambda_1} \cdot FD_{it}^{\lambda_2} \cdot HC_{it}^{\lambda_3} \cdot GI_{it}^{\lambda_4} \quad (5-10)$$

$$\ln MEC_{it} = \lambda_1 \ln OPEN_{it} + \lambda_2 \ln FD_{it} + \lambda_3 \ln HC_{it} + \lambda_4 \ln GI_{it} + \alpha_1 \ln(MST) \cdot I(\ln TI \leqslant \sigma_1) + \alpha_2 \ln(MST) \cdot I(\sigma_1 < \ln TI \leqslant \sigma_2) + \alpha_3 \ln(MST) \cdot I(\ln TI > \sigma_3) + \phi T + \varepsilon_{it} \quad (5-11)$$

二　数据与变量说明

依据数据的可得性和有效性原则，本书最终选取了我国沿海 11 省市进行分析。本书数据来源于《中国海洋统计年鉴》（2006—2015 年）、《中国统计年鉴》（2006—2015 年）和《中国金融年鉴》（2006—2015 年）。主要变量的选取如下。

被解释变量：海洋经济高质量发展（MEC）。参考以往文献成果[①][②][③]，鉴于数据的可得性和可比性，本章主要从海洋经济总量、海洋经济结构、海洋经济效应和海洋生态文明 4 个方面构建指标体系，运用主成分分析法并综合以往研究成果确定权重（见表 5 - 1）。

---

① 赖明勇、许和连、包群：《出口贸易与经济增长》，上海三联书店 1995 年版。

② 王珏帅：《我国各省份对外开放与经济增长关系的门槛效应研究》，《当代经济科学》2018 年第 1 期。

③ 殷克东：《中国沿海地区海洋强省（市）综合实力评估》，人民出版社 2013 年版。

表 5－1　　　海洋经济高质量发展水平评价指标体系

一级指标	二级指标	三级指标	权重
海洋经济高质量发展	海洋经济总量	海洋产业增加值占全国比重	0.1634
		人均海洋 GDP	0.0453
		海洋产业固定资产投资总额占全国比重	0.0240
		涉海就业人员数占全国涉海就业数比重	0.1606
	海洋经济结构	海洋第一产业增加值占其地区海洋 GDP	0.0236
		海洋第二产业增加值占其地区海洋 GDP	0.0555
		海洋第三产业增加值占其地区海洋 GDP	0.1036
	海洋经济效益	海洋产业结构高级化指数	0.0758
		海洋产业增加值占其地区 GDP 的比重	0.0659
		全国海洋 GDP 增长对地区区域增长弹性系数	0.0317
	海洋生态文明	单位 GDP 废气排放	0.1250
		单位 GDP 废水排放	0.1250

核心解释变量：海洋科技创新（*MST*）。参考以往研究成果[①]，鉴于数据的可得性和可比性，本书主要从海洋基础研究、海洋应用研究和海洋研发研究 3 个方面构建指标体系，运用主成分分析法并综合以往研究成果确定权重（表 5－2）。

表 5－2　　　海洋科技创新评价指标体系

一级指标	二级指标	三级指标	权重
海洋科技创新	海洋基础研究	海洋科研机构数	0.0570
		海洋专业技术人才总数	0.0975
		高级职称	0.0995
		拥有高级职称的海洋科研机构专业技术人员比重	0.0397
		海洋科研机构经费投入总额	0.1037

① 景维民、张璐：《环境管制、对外开放与中国工业的绿色技术进步》，《经济研究》2014 年第 9 期。

续表

一级指标	二级指标	三级指标	权重
海洋科技创新	海洋应用研究	海洋科技论文发表数量	0.0843
		海洋科技专利受理数	0.0933
		海洋科技专利授权数	0.0955
		海洋科技课题数	0.0915
	海洋研发研究	成果应用课题数	0.0797
		科技成果转化率	0.0176
		海洋科技成果实现产业化总产值	0.0831
		海洋科技成果实现产业化总产值占海洋产业总产值的比重	0.0571

门槛变量：(1)对外开放(*OPEN*)。参考以往研究成果[①②③]，本章采用大多数文献常用的办法，利用各地区进出口总额占 GDP 的比重来衡量区域对外开放。

(2)金融发展(*FD*)。参考以往研究成果[④⑤⑥⑦⑧]，鉴于数据的可得性和可比性，本书主要从金融发展规模、金融发展结构和金融发展效率 3 个方面构建指标体系，运用主成分分析法并综合以往研究成果确定权重(表 5－3)。

---

① 张成思、朱越腾、芦哲：《对外开放对金融发展的抑制效应之谜》，《金融研究》2013 年第 6 期。

② 董利红、严太华：《技术投入、对外开放程度与“资源诅咒”：从中国省际面板数据看贸易条件》，《国际贸易问题》2015 年第 9 期。

③ 孙永强、万玉琳：《金融发展、对外开放与城乡居民收入差距——基于 1978 ~ 2008 年省际面板数据的实证分析》，《金融研究》2011 年第 1 期。

④ 易信、刘凤良：《金融发展、技术创新与产业结构转型——多部门内生增长理论分析框架》，《管理世界》2015 年第 10 期。

⑤ 杨友才：《金融发展与经济增长——基于我国金融发展门槛变量的分析》，《金融研究》2014 年第 2 期。

⑥ 湛泳、李珊：《金融发展、科技创新与智慧城市建设——基于信息化发展视角的分析》，《财经研究》2016 年第 2 期。

⑦ 陈耿、刘星、辛清泉：《信贷歧视、金融发展与民营企业银行借款期限结构》，《会计研究》2015 年第 4 期。

⑧ 黄建欢、吕海龙、王良健：《金融发展影响区域绿色发展的机理——基于生态效率和空间计量的研究》，《地理研究》2014 年第 3 期。

表 5－3　　金融发展的综合指标体系

一级指标	一级指标	二级指标	权重
金融发展	金融发展规模	各省金融产业总产值/各省 GDP	0.3560
	金融发展结构	金融业在岗人员占总就业人员的比重	0.3211
	金融发展效率	金融机构贷存比	0.3229

(3)人力资本(*HC*)。衡量人力资本水平的方法很多，但是考虑操作的可行性和数据的可得性，我们用地区居民受教育年限来衡量区域人力资本水平，采用 Barro 和 Lee[①] 的方法，本书采用全国文盲、半文盲的就业人口比重×1.5＋接受小学教育的就业人口比重×7.5＋接受初中教育的人口比重×10.5＋接受高中教育的人口比重×13.5＋接受大专及以上的就业人口比重×17。

(4)政府投入(*GI*)。参考以往研究成果[②③]，本书采用大多数文献常用的办法，科技财政支出占 GDP 比重来衡量。

(5)技术投入(*TI*)。参考以往研究成果[④⑤]，本书采用大多数文献常用的办法，技术交易占 GDP 比重。

表 5－4　　主要变量描述性统计

变量名称	样本量	平均值	标准误	最小值	最大值
MEC	110	5.6268	0.7318	3.6063	6.6164
MST	110	9.2285	2.8631	1.1500	13.1774
OPEN	110	0.0901	0.0606	0.0004	0.2291

① Barro R. J., Lee J. W., "International Data on Educational Attainment Updates and Implications", National Bureau of Economic Research, Inc, 2000.

② 于惊涛、杨大力：《政府投入、经济自由度与创新效率：来自 24 个领先国家的实证经验》，《中国软科学》2018 年第 7 期。

③ 王业斌：《政府投入与金融信贷的技术创新效应比较——基于高技术产业的实证研究》，《财经论丛》2013 年第 3 期。

④ 董利红、严太华：《技术投入、对外开放程度与"资源诅咒"：从中国省际面板数据看贸易条件》，《国际贸易问题》2015 年第 9 期。

⑤ 盛宇华、徐英超：《技术投入惯性与企业绩效——以上市制造企业为例》，《科技进步与对策》2018 年第 18 期。

续表

变量名称	样本量	平均值	标准误	最小值	最大值
FD	110	0.3342	0.0532	0.0616	0.5396
HC	110	11.2074	0.9737	9.5539	13.8637
GI	110	0.5640	0.3561	0.0392	1.6028
TI	110	0.4699	0.0937	0.0493	0.6389

第三节　实证结果与分析

一　基础回归分析结果

在不考虑门槛变量和门槛效应的前提下，本书首先采用静态面板模型估计方法考察了海洋科技创新驱动海洋经济高质量发展的边际效应。综合 F 检验、Hausman 检验和 LR 检验结果，模型存在显著的个体效应和时间效应，因此选择个体和时间双固定模型进行估计。表5－5 固定效应估计结果显示，海洋科技创新估计系数为0.228，并在1%水平上显著，说明从整体上看海洋科技创新驱动海洋经济高质量发展存在显著的正向促进作用。

表5－5　带交乘项的海洋科技创新对海洋经济影响基础模型检验结果

变量	混合回归	随机效应	固定效应
MST	0.229 (0.000)	0.228 (0.000)	0.228 (0.000)
OPEN	0.018 (0.045)	0.018 (0.027)	0.021 (0.003)
FD	0.030 (0.246)	0.030 (0.332)	0.043 (0.192)

续表

变量	混合回归	随机效应	固定效应
HC	-0.277 (0.009)	-0.275 (0.000)	-0.256 (0.000)
GI	-0.008 (0.438)	0.008 (0.356)	0.019 (0.023)
TI	0.005 (0.630)	-0.006 (0.734)	-0.009 (0.557)
常数项	0.819 (0.000)	0.817 (0.000)	0.861 (0.000)

注：括号内数字为P值。

二　门槛效应检验

以对外开放为门槛变量，对海洋科技创新影响海洋经济增长的门槛效应进行检验。分别在单一门槛、双重门槛和三重门槛假设下进行门槛自抽样检验，为了判断应选择的门槛模型用F统计值和采用Bootstrap法得到的P值来判定。

结果表明(见表5-6)，门槛值的检测结果将上述拟定的各类影响因素分为三类：一类是存在一个显著门槛值的因素，包括海洋人力资本和对外开放两个影响因素，存在双重门槛值的影响因素包括政府投入和金融发展两个影响因素，而技术投入影响因素未检测出具备明显的门槛效应，需要再作进一步的分析以确认是否对于科技生产率效应产生影响。

表5-6　　　　各门槛变量的门槛效果自抽样检验结果

门槛变量	门槛类型	F	P	BS次数	临界值			门槛值	95%置信区间
					1%	5%	10%		
对外开放	单一门槛	9.868*	0.092	300	16.799	10.741	7.338	0.54	[0.500, 0.793]
	双重门槛	10.622	0.174	200	39.479	15.041	11.047		
	三重门槛	-20.425	0.864	200	10.487	1.784	-3.518		

续表

门槛变量	门槛类型	F	P	BS次数	临界值			门槛值	95%置信区间
					1%	5%	10%		
政府投入	单一门槛	13.471**	0.02	300	17.314	12.692	9.298	0.562	[0.559, 0.572]
	双重门槛	19.7	0.155	200	50.361	37.973	30.106	0.979	[0.832, 1.127]
	三重门槛	0	0.2	200	0	0	0		
金融发展	单一门槛	15.537***	0.005	300	13.049	9.352	7.029	0.574	[0.532, 0.618]
	双重门槛	23.449**	0.037	200	24.150	22.436	16.544	0.812	[0.804, 0.859]
	三重门槛	0	0.194	200	0	0	0		
人力资本	单一门槛	13.524***	0.003	300	12.068	10.828	8.808	0.534	[0.518, 0.614]
	双重门槛	20.308**	0.048	200	23.234	18.732	16.557	0.743	[0.707, 0.753]
	三重门槛	0	0.227	200	0	0	0		
技术投入	单一门槛	13.613	0.242	300	21.033	18.425	15.311	0.322	[0.293, 0.459]
	双重门槛	16.108	0.312	200	32.059	21.283	19.753	0.744	[0.685, 0.753]
	三重门槛	0	0.3	200	0	0	0		

注：***、**和*分别表示在1%、5%和10%显著性水平上显著，余表同。

三　门槛模型估计与分析

根据上文对门槛值真实性和估值检验的结果，对处于不同门槛区间的各样本再进行回归检验，以考察各影响因素对于海洋科技创新驱动海洋经济高质量发展的具体影响方向和程度，以便更为确切地把握各影响因素在不同门槛区间的重要程度和作用特征，检验结果如表5-7所示。

表 5-7　　各门槛变量的门槛模型回归结果

	OPEN 单一门槛	*GI* 单一门槛	*FD* 双重门槛	*HC* 双重门槛
lg*OPEN*		0.0256* (1.84)	0.0185* (1.76)	0.0175* (1.66)
lg*GI*	0.0758** (2.24)		0.0386** (2.46)	0.0524** (2.14)
lg*FD*	0.0628* (1.87)	0.0424** (1.75)		0.0485* (1.66)
lg*TI*	0.0463* (1.82)	0.0498* (1.69)	0.0236* (1.77)	0.0442* (1.75)
lg*HC*	0.0370** (2.04)	0.0246** (2.27)	0.0329* (1.87)	
lg*MST*1	0.6433** (2.25)	0.6577** (2.37)	0.6121** (2.28)	0.6322** (2.45)
lg*MST*2	1.2332*** (3.12)	1.0423*** (2.66)	0.4892** (2.35)	1.0794*** (3.14)
Lg*MST*3			0.5624** (2.30)	1.0974*** (3.34)
常项数	0.4748*** (4.88)	0.3451** (2.17)	0.4537** (2.24)	0.3228** (2.15)
R^2	0.602	0.426	0.413	0.431

注：括号内数字为 T 值代表。

由表 5-7 可知，门槛回归的结果为我们较好地描述了在不同的门槛区间，科技投入的作用力的变化特征，有利于我们更为精确地制定和实施相关海洋科技创新驱动海洋经济高质量发展的政策。具体而言，对外开放（*OPEN*）存在单一的门槛值 0.54，当 $OPEN < 0.54$ 时，海洋科技创新对于海洋经济高质量发展的作用为 0.6433，且通过 5% 的显著性检验，说明样本处在这一门槛区间时，海洋科

技创新每增加1%，海洋经济高质量发展将提高0.6433。而当对外开放跨越门槛值，*OPEN*>0.54时，海洋科技创新系数值有较高提升，变为1.2332，说明对外开放程度的提高，有利于海洋科技作用的发挥，二者呈正向变化，起到了正向促进作用。

政府投入(*GI*)存在单一的门槛值，当*GI*<0.562时，海洋科技创新对于海洋经济高质量发展的作用为0.6577，且通过5%的显著性检验，说明样本处在这一门槛区间时，海洋科技创新每增加1%，海洋经济高质量发展将提高0.6577。而当政府投入跨越门槛值，*GI*>0.562时，海洋科技创新系数值有较高提升，变为1.0423，系数变化相当明显。说明政府投入的提高，有利于海洋科技作用的发挥，二者呈正相关关系，起到了正向促进作用。

仔细观察两个存在双重门槛值的因素。其中金融发展(*FD*)表现出两个明显的门槛值，两个显著门槛值分别为0.574和0.812，在金融发展小于0.574时，海洋科技创新驱动海洋经济高质量发展作用力系数为0.6121；而当金融发展处于0.574≤*FD*<0.812时，海洋科技创新驱动海洋经济高质量发展作用稍有降低，系数变为0.4892；而当金融发展跨越第二个门槛进入FD>0.812区间时，海洋科技创新驱动海洋经济高质量发展作用力系数又大幅上升至0.5624。因此，从总的趋势来看，海洋科技创新驱动海洋经济高质量发展作用随着金融发展也呈提高趋势，即金融发展是海洋科技创新驱动海洋经济高质量发展作用的正向影响因素。至于由第一个门槛值跨越到第二个门槛值的中间阶段，为什么会出现海洋科技创新驱动海洋经济高质量发展作用稍有降低的现象？这有可能是因为在金融发展和海洋科技创新共同增长的过程中，部分沿海省市样本存在的金融发展对于海洋科技创新的挤出作用。

人力资本(*HC*)存在两个门槛值，分别为0.534和0.743，在两个门槛值构成的三个区间中，海洋科技创新对于海洋经济高质量发展的作用系数分别是0.6322、1.0794和1.0974，这明显体现出了人力资本海洋科技创新对于海洋经济高质量发展作用的正向促进趋势，即随着人力资本的不断提高，海洋科技创新作用力也不断提高，海洋科技创新要素的作用潜力才得以发挥。这也在一定程度上说明，当前我国海洋科技人才匮乏的问题，严重制约了海洋科学技术的应用和推广，海洋科技人才是海洋经济高质量发展重要的先决条件。

第四节　本章小结

本章通过构建面板门槛模型方式，考察了对外开放、政府投入、金融发展、人力资本、技术投入五大因素对海洋科技创新驱动海洋经济高质量发展。根据实证结果得出结论：各类外部影响因素对于海洋科技创新的作用均有着重要的促进或者制约作用。根据门槛特征的不同检验结果可以分为三类，一是存在一个显著门槛值的因素，包括对外开放和政府投入两个影响因素；二是存在双重门槛值的影响因素，包括金融发展和人力资本两个影响因素；三是不存在门槛值技术投入。检验结果表明，正是这些影响因素的共同作用，致使海洋科技创新在不同的外部条件下，对海洋经济高质量发展的作用力存在差异。这些结论也为制定和实施更为精确的海洋科技战略与政策提供了经验证据。

第六章　海洋科技创新驱动海洋经济高质量发展的实证研究

前文对海洋科技创新驱动海洋经济高质量发展的机理及因素进行分析，但实际情况是否如理论所述，还需要运用经验数据进行实证检验。基于此，本章力图回答以下几个问题：海洋科技创新是否如理论分析所述驱动海洋经济高质量发展？从不同区域看，海洋科技创新驱动海洋经济高质量发展是否存在差异？海洋科技创新驱动海洋经济高质量发展的效果如何？为回答上述问题，本章通过对2006—2015年我国沿海11省区市的面板数据进行实证检验，分别运用新古典经济模型、空间计量模型、三阶段DEA模型对海洋科技创新驱动海洋经济高质量发展进行实证检验尝试寻找上述问题的答案。

第一节　海洋科技创新驱动海洋经济高质量发展的总体与分区域的实证研究

一　模型设定

新古典经济增长理论假设劳动力与资本是影响经济增长主要的内生因素，而技术只是外在的因素。索洛模型是新古典经济增长理论模型的代表，具体形式为：

$$Y_t = Af(K_t, L_t) \tag{6-1}$$

式（6-1）中，Y_t 表示经济产出，Af 表示广义的技术进步，K_t 表示资本，L_t 表示劳动力的数量。

用传统的 Cobb – Douglas 生产函数形式来构建反映海洋科技创新驱动海洋经济高质量发展的生产函数：

$$MEC_{it} = A_{it} MST_{it}^{\alpha} HC_{it} \tag{6-2}$$

其中 MEC 为海洋经济高质量发展，MST 为海洋科技创新，A 为技术效率；α 表示海洋科技创新的产出弹性；i 代表省份，t 代表年份。

海洋经济高质量发展的技术效率 A 由金融发展 FD、政府投入 GI 和技术投入 TI 组成。因此，技术效率 A 可以写为：

$$A_{it} = e^{\phi T_i} \cdot FD_{it}^{\alpha} \cdot GI_{it}^{\beta} \cdot TI_{it}^{\lambda} \tag{6-3}$$

$$\ln MEC_{it} = \gamma_1 \ln FD_{it} + \gamma_2 \ln GI_{it} + \gamma_3 \ln TI_{it} + \gamma_4 \ln MST_{it} + \gamma_5 \ln HC_{it} + \xi_i + \varepsilon_{it} \tag{6-4}$$

在早期学者的相关研究中，主要使用面板数据 OLS 方法，即将面板数据视为横截面数据与时间序列数据的简单结合，运用 OLS 法直接对其进行回归，但这不是面板数据回归的正确方法，以此法估算两者间的关系，会得出海洋科技创新对海洋经济高质量发展的弹性值过大的结论。如前所述，面板数据估计的古典方法主要有固定效应和随机效应模型两种，按误差项假设的不同，两者均可分为单向分析和双向分析。在此，以新古典经济增长模型为例，对固定效应模式的单向分析，设定回归方程如下：

$$\ln MEC_{it} = \gamma_0 + \gamma_1 \ln FD_{it} + \gamma_2 \ln GI_{it} + \gamma_3 \ln TI_{it} + \gamma_4 \ln MST_{it} + \gamma_5 \ln HC_{it} + \xi_i + \varepsilon_{it} \tag{6-5}$$

假设对于所有区域 i 和时间 t 都有相同的参数 γ，且误差项 $\varepsilon_{it} = \mu_i + \nu_t + e_{it}$，$\mu_i$ 为个体间截距差异，其影响为 $\gamma_0 + \mu_i$，事件影响为 $\gamma_0 + \nu_t$；假设 e_{it} 为误差项，均值为 0，方差相等且不存在时间序列相关和截面相关。此外，假设 e_{it} 与回归量之间不存在相关性。如果模型中同时包括时间和个体影响，则称为双向分析，当 μ_i 和 ν_t 中有一个为 0 时，则对式（6 – 5）的模型分析被称为单向分析。本章假设 $\nu_t = 0$，即假设没有时间影响，仅进行单项的个体影响分析。

二　数据与变量说明

依据数据的可得性和有效性原则，本章最终选取了我国沿海十一省区市进行分析。本书数据来源于《中国海洋统计年鉴》（2006—2015 年）、《中国统计年鉴》（2006—2015 年）和《中国金融年鉴》（2006—2015 年）。主要变量的选取如下。

被解释变量：海洋经济高质量发展（*MEC*）。

核心解释变量：海洋科技创新（*MST*）。

控制变量：（1）对外开放（*OPEN*）；（2）金融发展（*FD*）；（3）人力资本（*HC*）；（4）政府投入（*GI*）；（5）技术投入（*TI*）。

三　模型的选择

使用 MATLAB 与 STATA 软件包编程对面板数据进行分析，得到的估计结果中常数项、固定效应模型与随机效应模型的 Huasman 检验值不同，但是，各变量的参数值、各参数的 t 检验值、模型的假设检验值完全一样，说明这两种软件具有可靠性。因此，在实证分析中通过使用 STATA20.0 软件进行编程、计量与估计结果分析。

表 6-1 显示：对我国沿海 11 省区市以及按海洋经济带划分环渤海经济区、长三角经济区和珠三角经济区的 OLS、固定效应、随机效应模型的估计结果中，固定效应的 WaldF 检验值与随机效应模型的 LM 检验值显示应拒绝采用 OLS 的原假设，接受采用固定效应、随机效应模型的备择假设。

表 6-1　　面板数据、固定效应、随机效应模型估计

区域	变量	面板数据			检验结果
		OLS	固定效应	随机效应	
沿海 11 省区市	MST	0.1681***	0.1221***	0.1294***	固定效应 Wald 检验：F（10, 92）=48.32 随机效应 Huasman 检验：chi2（4）=21.58
		（4.55）	（4.81）	（5.27）	
	FD	0.0465*	0.0642*	0.0522*	
		（1.87）	（1.76）	（1.66）	
	HC	0.0420**	0.0127*	0.0645**	
		（1.98）	（1.86）	（2.16）	

续表

区域	变量	面板数据			检验结果
		OLS	固定效应	随机效应	
沿海11省区市	GI	-0.1687* (-1.81)	0.1304* (1.66)	0.1660* (1.79)	固定效应 Wald 检验：F（10，92）=48.32 随机效应 Huasman 检验：chi2（4）=21.58
	TI	0.0185* (1.75)	0.0423** (2.05)	0.0127* (1.66)	
	系数	0.1583*** (3.11)	0.5069*** (6.10)	0.5713*** (5.66)	
	R^2	0.6832	0.6955	0.6242	
环渤海经济区	MST	0.4192*** (5.53)	0.3609* (1.85)	0.1491*** (3.42)	固定效应 Wald 检验：F（3，29）=37.42 随机效应 Huasman 检验：chi2（4）=43.66
	FD	0.1470 (0.78)	0.0391* (1.71)	0.1592 (0.55)	
	HC	0.1294* (1.77)	0.0106* (1.68)	0.0619 (0.98)	
	GI	-0.3027*** (-3.32)	0.3016*** (3.23)	0.2172*** (3.04)	
	TI	0.0103* (1.66)	0.1065* (1.72)	0.0101 (1.32)	
	系数	0.3316** (2.31)	0.4383*** (3.66)	0.4587*** (3.84)	
	R^2	0.6186	0.6596	0.6015	
长三角经济区	MST	0.6485** (2.15)	0.1413*** (3.14)	0.3465* (1.69)	固定效应 Wald 检验：F（4，39）=47.42 随机效应 Huasman 检验：chi2（4）=51.36
	FD	0.0633* (1.74)	0.0646 (0.37)	0.0363* (1.67)	
	HC	0.1021* (1.64)	0.0474* (1.70)	0.1821* (1.90)	
	GI	-0.2212** (-2.14)	0.2591* (2.25)	0.2424* (2.20)	
	TI	0.0641** (2.14)	0.1990* (1.90)	0.0447* (1.68)	

续表

省市	变量	面板数据			检验结果
		OLS	固定效应	随机效应	
长三角经济区	系数	0.4521* (1.93)	0.4371* (1.81)	0.4472* (1.83)	固定效应 Wald 检验：F（4，39）=47.42 随机效应 Huasman 检验：chi2（4）=51.36
	R^2	0.6320	0.6822	0.6105	
珠三角经济区	MST	0.2006** (2.64)	0.0975* (2.17)	0.2620** (2.44)	固定效应 Wald 检验：F（3，20）=20.42 随机效应 Huasman 检验：chi2（4）=16.48
	FD	0.0569** (2.14)	0.0656** (2.37)	0.0616** (2.21)	
	HC	0.1659** (2.39)	0.0573** (2.31)	0.1251** (2.10)	
	GI	-0.1845** (2.26)	0.2860** (2.60)	-0.0875* (2.09)	
	TI	0.0652** (2.37)	0.1266** (2.12)	0.0544** (2.27)	
	系数	0.5872*** (4.87)	0.4308*** (3.65)	0.4231*** (3.44)	
	R^2	0.6413	0.6609	0.6302	

表6-1的检验结果显示，根据 R^2 大小判断，三种模型中面板模型固定效应的拟合度最优，其次为面板数据的 OLS 方法，介于面板数据的 OLS 方法未考虑到序列可能存在“伪回归”问题，从检验与经济意义来看，本书选择固定效应模型为最优。

四　模型结果与分析

通过对2006—2015年沿海十一省区市海洋科技创新驱动海洋经济高质量发展面板数据进行分析，得到的回归方程为：

$$\ln MEC_{it} = 0.5069 + 0.0642\ln FD_{it} + 0.1304\ln GI_{it} + 0.0423\ln TI_{it} + 0.1221\ln MST_{it} + 0.0127HC_{it} \quad (6-6)$$

式（6-6）显示，在整个回归模型当中，政府投入对海洋经济高质量发展贡献程度最高，其系数为0.1304，其次为海洋科技创新，作用系数为0.1221，技术投入系数为0.0423，略高于人力资本贡献度。回归模型符合新古典经济学增长模型假设以及海洋经济发展现状：首先，新古典经济学增长模型认为，在完全竞争状态下，劳动力与资本可以进行相互替换。随着科技的发展，靠单一劳动力对经济的贡献程度远小于科技对经济发展的作用力，且随着互联网与人工智能技术的不断发展，科技产品功能正不断完善，逐步向代替人力方向发展，模型中已呈现出技术投入对海洋经济高质量发展贡献程度大于人力资本。因此认为模型合理。

其次，就海洋经济发展现状而言，海洋经济发展多依赖于政府导向。政府通过调整政策与资金投入方向，从根本上影响海洋经济各产业发展重点，进一步提升海洋经济发展质量。从海洋科技角度考虑，多数有关海洋的科技项目均来源于政府，可以认为政府对推动海洋科技发展起根本作用。模型中已呈现出政府投入对海洋经济高质量发展的强共线性，结合以上两点，可以认为模型构建合理。

根据海洋经济区域划分，将回归方程分为“环渤海经济区”“长三角经济区”“珠三角经济区”进行逐一分析：

（1）环渤海经济区回归模型

$$\ln MEC_{it} = 0.4383 + 0.0391\ln FD_{it} + 0.3016\ln GI_{it} + 0.1065\ln TI_{it} + 0.3609\ln MST_{it} + 0.0106HC_{it} \tag{6-7}$$

（2）长三角经济区回归模型

$$\ln MEC_{it} = 0.4371 + 0.0646\ln FD_{it} + 0.2591\ln GI_{it} + 0.1990\ln TI_{it} + 0.1413\ln MST_{it} + 0.0474HC_{it} \tag{6-8}$$

（3）珠三角经济区回归模型

$$\ln MEC_{it} = 0.4308 + 0.0656\ln FD_{it} + 0.2860\ln GI_{it} + 0.1266\ln TI_{it} + 0.0975\ln MST_{it} + 0.0573HC_{it} \tag{6-9}$$

通过对三大经济区的回归模型进行对比可知，各影响因素在不同回归模型中的系数变化不大，整体上与沿海地区模型结果相同。其中珠三角区域金融发展以及人力资本对海洋经济高质量发展均呈现出高于其他地区的贡献度，反映出两大特点：其一，珠三角经济区具有较好的金融融资环境。考虑到深广地区具有良好金融发展基础，在海洋经济体运作中，能够与更广泛的金融机构进行沟通与合作，进而提升了金融发展对海洋经济高质量发展的贡献程度。其二，珠三角经济区内海洋养殖、旅游等产业较为发达，两种产业均需要大量人力资源作为支持，因此该地区人力资本的影响程度高于其他地区。

长三角经济区较其他地区而言，其技术投入对海洋经济高质量发展的作用程度较为突出。原因在于，该区域涵盖沪、浙等经济发达地区，该地区的技术交易市场较为活跃，能够为海洋产业发展提供更为丰富的技术支持。结合其海洋科技创新的系数低于区域技术投入，本书认为，就科技推动经济高质量发展这一角度而言，推动该地区海洋经济高质量发展的科技主要来源于区域技术交易市场，而并非该地区海洋科技创新本身。

式（6－7）呈现出环渤海经济区的政府投入以及海洋科技创新的贡献程度远超于其他地区这一显著特征。正如前文所述，我国海洋经济发展对政府的依赖程度较强，政府在实行政策、法规以及资金投入的同时，更倾向于通过提升产业自身科技创新能力从而推动产业经济发展。该区域不仅包含了我国政治中心，同时设有大量的海洋科研机构与海洋经济研究院所，因此该区域的政府投入以及海洋科技创新较其他地区对海洋经济高质量发展的贡献程度更为突出。

第二节　海洋科技创新驱动海洋经济高质量发展的空间计量实证研究

上文探讨了实证模型是以空间同质性假设为前提，却未将各省市科技创新的空间相关性考虑进去，忽略了海洋经济高质量发展在现实中的集聚现象，地域之间彼此相连，存在相互传染，将会对发展产生影响，未重视海洋科技创新作用于海洋经济高质量发展在地理空间的溢出效应，未将传递问题考虑其中。Waldo Tobler 曾就这一问题进行研究，并且得出了自己的结论，他曾经明确指出，地理事物具有集聚性，本身存在随机、规则分布属性，且地理上较近的事物关联更紧密。美国空间计量学家 Anslin 将检验回归模型引入研究中，对其空间效应进行总结，提出估计方法。他认为地区之间本身存在联系，各地区的经济主体与其他空间不会被割断，传统面板模型在此方面有所欠缺，导致最终的结果出现偏差。陈强[①]等的研究也证实了这一点，他们认为各省份之间并非完全独立，彼此存在广泛联系，并且这种关联性随着距离的远近有所差别，距离较近的区域更为明显。由此可见，地理空间因素与事物之间具有空间相关性，必然会对区域经济产生影响，因此研究中不应忽略这些因素。

本书对地理空间联系进行研究，证实其存在于经济单元之间，海洋科技具有较明显的公共物品属性，因此无法摆脱空间溢出效应。海洋本身就有特殊性，这是其公共品属性的根源所在。首先，海洋科技外部性明显。在海洋开发的过程中出现了诸多海洋生产活动，海洋科技为之服务。对这些生产活动进行分析，发现其门槛较低，对劳动者的素质要求不高，无须掌握过高的技能，在自然环境中完成生产过程，这些有利于海洋生产技术的传播，引发地域间外溢现象。由于存在上述原因，模仿行为始终存在，复制行为难以避免，人们能够更为便利地学习海洋捕捞技术，实现相互分享。其次，海洋科研社会性较强。海洋产业在国民经济中占据重要位置，作为基础性产业发挥关键作用，促进经济发展，保证人民的生活，是难以避免的经济问题，同时也是社会问题，与社会稳定密切相关，与环境安全紧密相连。各国都致力于海洋发展，海洋科研的作用已超越了经济层面，呈现出非排他性特征，显示出非竞争性特点。由于具备非排他性，这就意味着其科研成果难以做到专人独

---

① 陈强：《高级计量经济学及 Stata 应用》（第二版），高等教育出版社 2014 年版。

享。非竞争性意味着边际成本为零。这些特点来自海洋科研的独特性，从另一角度看待海洋科研，本身具备知识产品性质，但知识产权保护对之并不适用，执行难度相对较大。目前海洋科研资金主要来自政府财政，这种投资模式必然引发非市场化行为，技术创新受到影响，无法做到完全排他性。进行海洋技术创新可以提高收益，其中获利最大者为消费者，创新者所占比例较低。由于具备上述特征，大大提高了海洋科技的公共品属性。

我国沿海十一省区市，各区域之间形成必然的联系，政府科研活动空间联系较强，互相影响，相邻区域更为明显。传统的检验方式有可能出现偏估计结果，因此在研究不同区域海洋科技创新驱动海洋经济高质量发展时，需要引入地理空间因素，弥补传统计量模型的不足，从而用于地理空间依赖和溢出特征的考察。

基于此，本章尝试在前文的基础上，将海洋科技创新驱动海洋经济高质量发展置于空间分析框架下，运用空间计量方法进一步探讨海洋科技创新驱动海洋经济高质量发展的空间溢出效应。

一　空间相关性检验

本书采用双变量全局空间自相关 Moran’s I 指数来检验海洋科技创新与海洋经济高质量发展的全局空间相关性，其计算公式如下：

$$I_{sr} = \frac{N\sum_{i=1}^{N}\sum_{j\neq i}^{N} W_{ij} z_i^s z_j^r}{(N-1)\sum_{i=1}^{N}\sum_{j\neq i}^{N} W_{ij}} \tag{6-10}$$

其中，I_{sr}表示双变量全局空间自相关系数或双变量全局 Moran’s I 指数，从整体上反映了海洋科技创新与周围地区海洋经济高质量发展空间加权平均值的相关关系。z_i^s 表示省市 i 海洋科技创新的标准化值，z_j^r 表示省市 j 海洋经济的标准化值。I_{sr}指数的取值范围为(-1，1)，如果其值大于 0，说明海洋科技创新对周围地区海洋经济高质量发展存在空间外溢效应，并且该值越大说明空间外溢效应越强；反之，则说明海洋科技创新驱动海洋经济高质量发展存在空间抑制效应，并且该值越小说明空间抑制效应越强。本书利用 stata 20.0 对于双变量全局 Moran's I 指数的显著性检验，详见表 6－2 和表 6－3。

检验结果表明，Moran I 值均大于 0，大多数年份也通过了 1% 显著性水平检验，其正态统计量 z 值大部分年份均大于临界值（1.96），这便从数理上证明了上文的初步判断，即海洋科技创新和海洋经济高质量发展存在显著的空间相关性，其分布并非完全随机，而是存在"高趋近于高""低趋近于低"的同向集聚趋势。具体而言，海洋科技创新能力较强的地区的周围地区也较强；海洋经济发达的地区周围地区也发达。反之亦如此。检验结果意味着海洋科技创新在现实中会表现出一定程度的技术溢出及扩散效应。因此，将空间外溢和空间依赖特征纳入海洋科技创新驱动海洋经济高质量发展效应的分析中是十分必要的。

表 6－2　我国沿海十一省份海洋科技创新 Moran I 指数

年份	Moran I	临界值 z（I）	年份	Moran I	临界值 z（I）
2006	0.268	2.216	2011	0.309	2.526
2007	0.306	2.409	2012	0.282	2.345
2008	0.227	1.979	2013	0.311	2.595
2009	0.309	2.607	2014	0.277	2.404
2010	0.334	2.685	2015	0.317	2.634

表 6－3　我国沿海十一省份海洋经济高质量发展 Moran I 指数

年份	Moran I	临界值 z（I）	年份	Moran I	临界值 z（I）
2006	0.259	2.166	2011	0.356	2.742
2007	0.271	2.234	2012	0.348	2.679
2008	0.291	2.346	2013	0.347	2.693
2009	0.345	2.664	2014	0.235	2.122
2010	0.354	2.736	2015	0.285	2.425

二 模型设定

根据以上分析，海洋科技创新与海洋经济高质量发展具有显著的空间自相关性，传统的非空间面板数据模型估计精度将会下降，因此考虑建立海洋科技创新与海洋经济高质量发展关系的空间面板数据。建立如下空间面板数据模型。

（1）空间滞后模型（Spatial Lag Model，SLM）主要研究各变量对其他地区的空间溢出现象。如式（6－11）所示：

$$MEC = c + \rho \times WMEC + \beta_1 \times MST + \beta_2 \times FD + \beta_3 \times HC + \beta_4 \times OPEN + \beta_5 \times GI + \beta_6 \times TI + \delta_i + \mu_t + \varepsilon_{it} \quad (6-11)$$

$\varepsilon_{it} \sim N\ (0,\ \sigma_{it}^2 I_n)$

（2）空间误差模型（Spatial Error Model，SEM）。由于空间关系的存在，ε 很可能受到很多因素的影响而变得复杂，不再服从简单的正态分布。其他影响海洋经济高质量发展的空间因素可能包含在 ε 里面，使得 ε 具有较强的相关性，考虑这些因素就构成了如下空间误差模型：

$$MEC = c + \beta_1 \times MST + \beta_2 \times FD + \beta_3 \times HC + \beta_4 \times OPEN + \beta_5 \times GI + \beta_6 \times TI + \delta_i + \mu_t + \varepsilon_{it} \quad (6-12)$$

$\varepsilon_{it} = \lambda W \varepsilon_{it} + \phi_{it} \quad \phi_{it} \sim N(0,\ \sigma_{it}^2 I_n)$

（3）综合考虑了解释变量和被解释变量的空间滞后因素就是空间杜宾模型。本书参考 Anselin 和 Le Sage、Pace 给出的空间杜宾模型（Spatial Durbin Model，SDM），设定模型如下：

$$MEC = c + \rho \times WMEC + \beta_1 \times MST + \beta_2 \times FD + \beta_3 \times HC + \beta_4 \times OPEN + \beta_5 \times GI + \beta_6 \times TI + \theta_1 \times WMST + \theta_2 \times WFD + \theta_3 \times WHC + \theta_4 \times WOPEN + \theta_5 \times WGI + \theta_6 \times WTI + \delta_i + \mu_t + \varepsilon_{it} \quad (6-13)$$

$\varepsilon_{it} \sim N(0,\ \sigma_{it}^2 I_n)$

三 数据与变量说明

依据数据的可得性和有效性原则，本书最终选取了我国沿海十一省区市进行分析。本书数据来源于《中国海洋统计年鉴》（2006—2015 年）、《中国统计年鉴》（2006—2015 年）和《中国金融年鉴》（2006—2015年）。主要变量的选取如下。

被解释变量：海洋经济高质量发展（*MEC*）。（同第五章第二节）

核心解释变量：海洋科技创新（*MST*）。（同第五章第二节）

控制变量：（1）金融发展（*FD*）；（2）人力资本（*HC*）；（3）对外开放度（*OPEN*）；（4）政府投入（*GI*）；（5）技术投入（*TI*）。（同第五章第二节）

四　空间权重矩阵

空间权重矩阵表征空间单元之间的相互依赖性与关联程度，正确合理地选用空间权重矩阵关重要。实证研究中，本书采用经济距离权重矩阵。这种矩阵一般根据两个省份人均GDP差距的倒数来设定，两省之间的GDP差距越大，赋予的权重也越小，反之，应赋予的权重也越大，形式如下：

$$W_{ij}=\begin{cases}\dfrac{1}{|Y_i-Y_j|}, & i\neq j\\ 0, & i=j\end{cases} \tag{6-14}$$

式（5-14）中，Y_i 是 i 省的实际人均GDP水平。

五　空间面板模型的选择

（1）固定效应与随机效应的选择。通过空间Hausman检验选择是否具有随机效应。结果为负值，说明假设不成立，在排除由非平稳性变量影响下造成假设不成立的情况，选择拒绝原假设，进而选择固定效应，因此考虑建立双固定的空间模型。

（2）空间计量模型包括空间滞后模型、空间误差模型以及空间杜宾模型三大类，对于模型的选择，从 R^2 和Log-likelihood值来看，空间杜宾模型的拟合度更好。再基于LR检验和Wald结果进行确定，Wald和LR检验均在5%显著性水平上拒绝了原假设，因而空间杜宾模型不能被简化成空间滞后模型或空间误差模型（表6-4）。

表 6-4　　空间计量模型回归结果

变量	SEM（双固定）	SAR（双固定）	SDM（双固定）
MST	0. 1038 (0. 000)	0. 8176 (0. 000)	0. 3043 (0. 000)
FD	-0. 0326 (0. 083)	-0. 1699 (0. 098)	0. 1149 (0. 03)
HC	-0. 0978 (0. 082)	0. 0230 (0. 000)	0. 0150 (0. 059)
OPEN	0. 0070 (0. 045)	0. 0091 (0. 042)	-0. 0770 (0. 002)
GI	-0. 0056 (0. 465)	-0. 0542 (0. 004)	0. 0244 (0. 046)
TI	-0. 0132 (0. 262)	-0. 0218 (0. 069)	0. 0269 (0. 053)
W × *MST*			-0. 0959 (0. 000)
W × *FD*			-0. 1171 (0. 000)
W × *HC*			-0. 0035 (0. 001)
W × *OPEN*			-0. 0140 (0. 000)
W × *GI*			0. 0170 (0. 009)
W × *TI*			-0. 0574 (0. 000)
ρ&γ	0. 1727 (0. 000)	0. 6215 (0. 000)	1. 1899 (0. 000)
$sigma^2$	0. 0002 (0. 000)	0. 0031 (0. 001)	0. 0037 (0. 001)
R^2	0. 9834	0. 9889	0. 9989
Logl	184. 2812	206. 9553	243. 2565

续表

变量	SEM（双固定）	SAR（双固定）	SDM（双固定）
Wald			16.5249 (0.000)
LR			10.67 (0.001)

六　空间溢出效应

空间杜宾模型的形式为 $y=\rho Wy+\alpha t_n+X\beta+WX\gamma+\varepsilon$，则将其变形为：

$$(I_n-\rho W)y=X\beta+WX\theta+\alpha t_n+\varepsilon$$

$$y=\sum_{r=1}^{k}S_r(W)x_r+V(W)\alpha t_n+V(W)\varepsilon \tag{6-15}$$

其中

$$S_r(W)=V(W)(I_n\beta_r+W\theta_r)$$

$$V(W)=(I_n-\rho W)^{-1}=I_n+\rho W+\rho^2W^2+\rho^3W^3+\cdots$$

将（5-6）式展开：

$$\begin{bmatrix} y_1 \\ y_2 \\ \cdots \\ y_n \end{bmatrix}=\sum_{r=1}^{k}\begin{bmatrix} S_r(W)_{11}S_r(W)_{12}\cdots S_r(W)_{1n} \\ S_r(W)_{21}S_r(W)_{22}\cdots S_r(W)_{2n} \\ \cdots \\ S_r(W)_{n1}S_r(W)_{n2}\cdots S_r(W)_{nn} \end{bmatrix}\begin{bmatrix} x_{1r} \\ x_{2r} \\ \cdots \\ x_{nr} \end{bmatrix}+V(W)\alpha t_n+V(W)\varepsilon$$

变量 y_i 对 x_{ir} 的偏导 $\frac{\partial y_i}{\partial x_{ir}}=S_r(W)_{ii}$ 度量了 x 的变化对本地区的 y 的观测值造成的平均影响，即直接效应，通过计算数值矩阵 $S_r(W)$ 中对角线元素的平均值得到。y_i 对 x_{jr} 的偏导 $\frac{\partial y_i}{\partial x_{jr}}=S_r(W)_{ji}$ 度量了 x 的变化对其他地区 y 的观测值造成的平均影响，即间接效应，通过计算数值矩阵 $S_r(W)$ 中非对角线元素的平均值得到。总效应则是数值矩阵 $S_r(W)$ 所有元素的平均值。在数值上总效应等于直接效应加上间接效应。

间接效应实际上是一种空间溢出效应，Behrens 和 Thisse 指出空间回归模型考察这种交互作用是非常重要的一个方面。因此本书通过建立空间计量模型，估计出自变量对因变量的直接效应和间接效应等来观察海洋科技创新驱动海洋经济高质量发展的空间溢出效应。

表 6－5　空间杜宾模型的总效应、直接效应与间接效应的系数

变量	总效应	直接效应	间接效应
MST	0.2464 (0.000)	0.0934 (0.000)	0.1530 (0.000)
FD	0.0583 (0.043)	0.0215 (0.008)	0.0368 (0.047)
HC	－0.3014 (0.05)	0.0960 (0.009)	－0.3974 (0.01)
OPEN	0.0381 (0.047)	0.0109 (0.025)	0.0272 (0.05)
GI	0.0275 (0.02)	0.0030 (0.001)	0.0245 (0.043)
TI	－0.1388 (0.003)	0.0223 (0.005)	－0.1611 (0.008)

注：括号内数字为 P 值。

由表 6－5 可知：

（1）由直接效应可知，本省的海洋科技创新、人力资本、对外开放度、政府投入、金融发展、技术投入这些因素促进本省的海洋科技创新驱动海洋经济高质量发展效率。

（2）由间接效应可知，海洋科技创新通过 1% 显著性检验，金融发展、对外开放和政府投入均通过 5% 显著性检验，说明其海洋科技创新驱动海洋经济高质量发展效率存在空间溢出效应，通过空间传导机制促进邻省海洋经济高质量发展，即沿海十一省区市在省域之间形成了海洋科技创新的初步整合，出现协调发展趋势。人力资本、技术投入通过1%显著性检验，但对邻近省海洋经济高质量发展会产生负外部性，即对邻省海洋经济高质量发展产生负向影响。究其原因，人力资本、技术投入的发展会对邻省海洋经济高质量发展的各种资源产生"截流效应"，抑制邻近省海洋经济的增长。

（3）由总效应可知，海洋科技创新通过1%显著性检验，金融发展、对外开放和政府投入均通过5%显著性检验，说明金融发展、对外开放和政府投入促进所有地区提高海洋科技创新驱动海洋经济高质量发展效率，其中核心解释变量海洋科技创新系数值最大，说明海洋科学技术的投入和发展对我国海洋经济高质量发展的推动力更大。人力资本、技术投入通过5%显著性检验，却抑制了海洋经济高质量发展，说明人力资本、技术投入对海洋经济高质量发展的负向扩散效应远大于其直接效应。具体而言，人力资本的学历和技能还有待于提高，政府对引进和留住海洋高科技人才的力度还不够，经常出现"培养得出人才却留不住"的现象；技术投入程度低，这些抑制了海洋科技创新对海洋经济的增长。

七　稳健性检验

为保证回归模型的稳健性，本书通过删除解释变量中海洋科技基础水平、海洋科技产出水平两个二级指标下所有指标以及控制变量中政府投入和技术投入后对模型进行重新估计。如表6－6、表6－7所示，回归结果中相关性系数降低，但正负关系以及显著性水平未有明显变化，表明原有回归模型为稳健模型。

表6－6　　稳健性检验：空间计量模型回归结果

变量	SEM（双固定）	SAR（双固定）	SDM（双固定）
MST	0.043 （0.004）	0.532 （0.005）	0.083 （0.004）

续表

变量	SEM （双固定）	SAR （双固定）	SDM （双固定）
FD	0. 022 （0. 090）	0. 137 （0. 100）	0. 094 （0. 043）
HC	-0. 005 （0. 082）	0. 013 （0. 009）	0. 002 （0. 072）
OPEN	0. 001 （0. 049）	0. 002 （0. 050）	-0. 013 （0. 010）
W × *MST*			-0. 043 （0. 000）
W × *FD*			0. 101 （0. 000）
W × *HC*			0. 003 （0. 008）
W × *OPEN*			-0. 009 （0. 000）
$\rho\&\gamma$	0. 135 （0. 000）	0. 383 （0. 003）	1. 003 （0. 000）
$sigma^2$	0. 001 （0. 000）	0. 003 （0. 005）	0. 004 （0. 001）
R^2	0. 854	0. 872	0. 901
Logl	136. 291	148. 38	147. 257
Wald			13. 295 （0. 000）
LR			9. 189 （0. 010）

注：括号内为 p 值。

表 6-7　稳健性检验：空间杜宾模型的总效应、直接效应与间接效应系数

变量	总效应	直接效应	间接效应
MST	0.125 (0.000)	0.007 (0.001)	0.094 (0.000)
FD	0.035 (0.049)	0.008 (0.010)	0.014 (0.050)
HC	-0.083 (0.048)	0.055 (0.004)	-0.138 (0.010)
OPEN	-0.024 (0.045)	0.008 (0.024)	0.016 (0.034)

第三节　海洋科技创新驱动海洋经济高质量发展效率的实证研究

上文中我们研讨了海洋科技创新与海洋经济高质量发展之间的关系，前者本身是一种重要因素，可以对海洋经济高质量产生作用，在一定程度和范围内解释和回答了“海洋科技创新能否影响海洋经济高质量发展以及如何影响海洋经济高质量发展”的问题，但对“影响效果如何”这一问题还未涉及。关于衡量和评价效果问题的研究由来已久，尽管国内外学者在此领域并没有形成统一的方法，但通过测算效率并将效率值作为衡量效果的标准，是值得关注的一类研究思路。

一　三阶段 DEA 模型理论

第一阶段，采用传统 DEA 模型，得到初始效率。鉴于海洋科技创新是作为投入要素，且由于海洋科技创新具有巨大的非经济价值，在海洋经济高质量发展既定的情况下希望海洋科技创新的投入量最小，所以本书选取投入导向型 DEA - BC^2 模型。DEA - BC^2 模

型可表示为：

$$
min\theta - \varepsilon(\hat{e}^T S^- + e^T S^+)
$$

$$
s.t.\begin{cases}\sum_{j=1}^{n} X_j\lambda_j + S^- = \theta X_0 \\ \sum_{j=1}^{n} Y_j\lambda_j - S^+ = Y_0 \\ \lambda_j \geqslant 0, S^-, S^+ \geqslant 0\end{cases} \qquad (6-16)
$$

$j=1,2,\cdots,n$ 表示决策单元（即沿海十一省区市），X、Y 分别是海洋科技创新投入、海洋经济高质量发展产出向量。

第二阶段，主要关注松弛变量［$x-X\lambda$］，由环境因素、管理无效率和统计噪声构成。Fried 等人认为，当运用 SFA 模型对第一阶段的松弛变量进行回归时，我们面临两对选择。第一对选择，同时调整投入和产出或者只调整投入或者产出。第二对选择，估计 N 个单独的 SFA 回归或者将所有松弛变量堆叠从而只估计一个单独的 SFA 回归。

第三阶段，运用调整后的投入产出变量再次测算各决策单元的效率，此时的效率已经剔除环境因素和随机因素的影响，是相对真实准确的。

二　数据与变量说明

依据数据的可得性和有效性原则，本书最终选取了我国沿海十一省区市进行分析。本书数据来源于《中国海洋统计年鉴》（2006—2015 年）、《中国统计年鉴》（2006—2015 年）和《中国金融年鉴》（2006—2015 年）。主要变量的选取如下：

使用 DEA 模型时，决策单元个数 n 应至少是投入指标和产出指标个数之和（m + s）的 2 倍，即 n≥2（m + s）。考虑指标之间相关性等的影响，选取如下指标研究海洋科技创新驱动海洋经济高质量发展效率。

海洋科技创新投入指标：（1）海洋科研机构经费投入总额，（2）海洋科技成果应用课题数。

海洋经济高质量发展产出指标：（1）海洋生产总值，（2）海洋产业增加比值。

外部环境指标：（1）金融发展，（2）对外开放度。（同第五章第二节）

三 第一阶段：传统 DEA 估计结果

使用 DEAP 2.1 软件，进行第一阶段传统 DEA 分析，选取 BC^2 模型测算 2006 年、2010 年和 2015 年沿海十一省区市的海洋科技创新驱动海洋经济高质量发展效率。2006 年、2010 年和 2015 年的平均综合效率分别为 0.529、0.691 和 0.458，远未达到最优水平，整体效率偏低；2006 年、2010 年和 2015 年规模效率值分别为 0.724、0.906 和 0.73，纯技术效率值为 0.709、0.759 和 0.633，规模效率均比纯技术效率高，意味着投资规模水平相对配置结构而言更好。测算结果中个别省份的数据存在异常，如河北省 2006 年、2010 年和 2015 年综合效率值均为 1.000；海南省在沿海十一省区市中处于经济欠发达的省份，2006 年实现 DEA 有效。与此同时，经济发达的省份，比如天津、上海和山东综合效率值较低。这些情况难以解释和说明。为提高海洋科技创新驱动海洋经济高质量发展效率分析结果的可靠性，需要剥离环境因素和随机干扰对效率值测度所产生的影响，进一步分析决策单元所处的外部环境（见表 6－8）。

表 6－8　海洋科技创新驱动海洋经济高质量发展效率值（第一阶段）

省份	2006 年			2010 年			2015 年		
	TE	PE	SE	TE	PE	SE	TE	PE	SE
天津	0.248	0.261	0.949	0.560	0.573	0.977	0.414	0.524	0.791
河北	1.000	1.000	1.000	1.000	1.000	1.000	1.000	1.000	1.000
辽宁	0.856	1.000	0.856	0.661	0.830	0.796	0.627	0.743	0.844
上海	0.467	0.817	0.572	0.589	0.594	0.992	0.685	0.757	0.905

续表

省份	2006年			2010年			2015年		
	TE	PE	SE	TE	PE	SE	TE	PE	SE
江苏	0.349	0.499	0.700	0.613	0.718	0.854	0.482	0.559	0.862
浙江	0.389	0.552	0.705	0.727	0.757	0.960	0.626	0.731	0.856
福建	0.676	1.000	0.676	0.862	1.000	0.862	1.000	1.000	1.000
山东	0.642	0.795	0.807	0.912	0.914	0.998	0.871	0.947	0.920
广东	0.957	1.000	0.957	1.000	1.000	1.000	1.000	1.000	1.000
广西	1.000	1.000	1.000	0.843	1.000	0.843	0.925	1.000	0.925
海南	1.000	1.000	1.000	0.909	1.000	0.909	0.826	0.909	0.909
平均值	0.689	0.811	0.838	0.789	0.853	0.926	0.769	0.834	0.910

四　第二阶段：SFA 回归结果

第二阶段 SFA 分析的因变量是一阶段 DEA 分析海洋科技创新对海洋经济影响投入指标的松弛变量，分别是海洋科技经费松弛变量（S1）和海洋科技成果应用松弛变量（S2）；自变量是对外开放度和金融发展。

第二阶段通过 SFA 回归函数的模型，对因变量和自变量进行回归分析。为避免重复叙述，仅选取中间年份 2011 年为例对 SFA 结果进行分析，如表 6－9 所示。

表 6－9　　SFA 回归分析结果

	S1		S2	
	coefficient	t－ratio	coefficient	t－ratio
常数项	1.93E＋05	1.93E＋05	－2.91E＋00	－6.33E＋01
对外开放度	9.77E＋05	9.77E＋05	3.02E＋01	1.27E＋01
金融发展	－7.60E＋05	－7.59E＋05	－1.08E＋01	－4.12E＋01
$Sigma^2$	3.78E＋11	3.78E＋11	4.82E＋03	4.38E＋03
Gamma	9.17E－01	9.70E＋00	1.00E＋00	4.85E＋03
LRTest	0.90E＋01		0.81E＋0.1	

由表6-9可以知道，从总体上来看，各似然比LR都通过了1%的显著性检验，说明所选外部环境变量对效率值均有较显著影响；σ^2值均较大，γ值均趋近于1，且都通过了1%的显著性检验，表明管理无效率对松弛变量有显著影响。2个环境变量对2个投入指标的松弛变量都有一定的影响，但强度略有差异。环境变量*Z-OPEN*、*Z*-金融发展对S2的松弛变量影响强势通过1%显著性检验，而相对于S2而言，环境变量对投入指标S1的松弛变量影响强度更大，说明2个环境变量对投入变量均存在较强影响力。因此通过随机前沿面分析来提出环境因素的影响是存在必要性的。

五　第三阶段：投入调整后的DEA实证结果

通过剔除外生环境影响和随机干扰的第二阶段的SFA回归分析，将沿海11省区市调整至相同的外部环境和随机因素之下。采用调整后的海洋科技创新投入数据和海洋经济高质量发展初始产出数据，使用BC^2模型，再次测算2006年、2010年和2015年沿海11省区市的海洋科技创新驱动海洋经济高质量发展效率，测算结果如表6-10所示。

表6-10　海洋科技创新驱动海洋经济高质量发展效率值（第三阶段）

省份	2006年			2010年			2015年		
	TE	PE	SE	TE	PE	SE	TE	PE	SE
天津	0.108	0.137	0.791	0.352	0.441	0.798	0.215	0.306	0.703
河北	1.000	1.000	1.000	0.727	0.727	1.000	0.367	0.509	0.722
辽宁	0.571	0.611	0.934	0.334	0.426	0.783	0.113	0.160	0.707
上海	0.289	0.392	0.738	0.528	0.565	0.935	0.159	0.234	0.680
江苏	0.133	0.217	0.614	0.251	0.318	0.789	0.202	0.264	0.767
浙江	0.243	0.429	0.566	0.607	0.720	0.843	0.316	0.411	0.768
福建	0.281	0.401	0.701	0.748	0.791	0.946	0.754	0.754	1.000
山东	0.481	0.647	0.744	0.822	0.840	0.979	0.289	0.338	0.855

续表

省份	2006 年			2010 年			2015 年		
	TE	PE	SE	TE	PE	SE	TE	PE	SE
广东	0.837	0.837	1.000	1.000	1.000	1.000	0.646	0.646	1.000
广西	0.854	0.854	1.000	0.661	0.661	1.000	0.386	0.531	0.727
海南	0.515	0.525	0.981	0.157	0.353	0.446	0.609	0.642	0.949
平均值	0.483	0.550	0.824	0.563	0.622	0.865	0.369	0.436	0.807

对比第一阶段效率测评情况可知，调整后的海洋科技创新驱动海洋经济高质量发展效率发生了如下变化。（1）在识别出随机误差项和管理无效项，并据此剥离了环境变量和随机因素后，效率产生了明显的变化。我国沿海 11 省区市海洋科技创新驱动海洋经济高质量发展的 2006 年、2010 年和 2015 年综合效率均值分别由原来的 0.689、0.789、0.769 变为 0.483、0.563、0.369，进一步证实我国海洋科技创新驱动海洋经济高质量发展效率亟待改进。（2）调整后技术效率均值与规模效率均值也有较大变动，2006 年、2010 年和 2015 年规模效率值分别由原来的 0.724、0.906 和 0.73 调整为 0.824、0.865 和 0.807，2006 年、2010 年和 2015 年纯技术效率值分别由原来的 0.709、0.759 和 0.633 调整为 0.550、0.622 和 0.436，规模效率值大于纯技术效率值。以各地区海洋科技创新驱动海洋经济高质量发展技术效率值有明显降低，说明一阶段纯技术效率较高并不准确，其主要是由于处于“优越”的环境条件中。这就跟原来得出的结论有了很大不同。这意味着造成我国沿海 11 省区市海洋科技创新驱动海洋经济高质量发展效率低下的主要原因是技术效率低下而非规模效率低下，说明海洋科技创新的投入资源配置和管理水平，较海洋科技创新投入规模对效率影响更大。

第四节　本章小结

本章通过对2006—2015年我国沿海11省区市的面板数据进行实证检验，得出以下结论。

（1）通过构建海洋科技创新驱动海洋经济高质量发展的新古典增长模型可知，海洋科技发展与海洋经济高质量发展在整体上呈现显著正相关，各投入变量对经济发展均表现出推动作用，但作用程度存在一定差异，其中政府投入与海洋科技创新对海洋经济高质量发展的推动作用最为突出，而人力资本的共享程度最弱，反映出目前我国海洋经济正处在科技逐步代替劳动力阶段，符合我国海洋科技与海洋经济发展规律。基于对环渤海经济区、长三角经济区、珠三角经济区增长模型分析可知，目前各海洋经济区科技对经济发展的推进作用较为明显，各投入变量对区域海洋经济高质量发展的推进作用存在差异。反映出各经济区在提升海洋科技创新能力，推动海洋经济高质量发展的过程中，充分考量自身区域特点，有针对性地对不同海洋产业类型进行有效的资源配置。

（2）海洋科技创新驱动海洋经济高质量发展存在明显的空间依赖性，邻近省海洋科技创新推动本省海洋经济高质量发展，且2006年以来其空间联动效应稳定发展。本省的海洋科技创新、金融发展、人力资本、对外开放、政府投入和技术投入明显促进本省海洋经济高质量发展。海洋科技创新、金融发展、对外开放和政府投入对邻省海洋经济高质量发展产生显著的正向空间溢出效应。海洋科技创新、金融发展、对外开放和政府投入促进所有省份海洋经济高质量发展。人力资本、对外开放对本省海洋经济高质量发展的作用显著，但通过“资源截流效应”对邻省海洋经济高质量发展产生显著负向作用。

（3）海洋科技创新驱动海洋经济高质量发展效果存在较大提升

和优化空间。我国沿海 11 个省区市海洋科技创新驱动海洋经济高质量发展的 2006 年、2010 年和 2015 年综合效率均值分别为 0. 483、0. 563、0. 369，我国沿海 11 个省区市海洋科技创新驱动海洋经济高质量发展效率偏低，远未达到最优水平，亟待采取措施改进。其中，剥离了环境和误差因素的海洋科技创新驱动海洋经济高质量发展的 2006 年、2010 年和 2015 年规模效率均值分别为 0. 824、0. 865 和 0. 807，海洋科技创新驱动海洋经济高质量发展的 2006 年、2010 年和 2015 年纯技术效率值分别为 0. 550、0. 622 和 0. 436，规模效率大于纯技术效率。这意味着造成沿海 11 个省区市海洋科技创新驱动海洋经济高质量发展效率低下的主要原因是技术效率低下而非规模效率低下，说明海洋科技创新投入的资源配置和管理水平，较海洋科技创新投入规模对海洋经济高质量发展影响更大。

第七章　海洋科技创新驱动海洋经济高质量发展的国际经验借鉴

随着海洋科学的不断发展，许多国家取得巨大进步，成为海洋强国。它们不断发展海洋科技，制定相关的法律、法规并加以完善，推动海洋领域中的创新，促进海洋科技的发展，因此拥有了强劲的实力，起到重要的支撑作用，引领全球海洋经济高质量发展，使得整个产业体系逐渐完善，并在更高水平发展，将科技创新引入实验当中，促进海洋经济高质量发展，而经济发展带来的效益又投入科技创新当中，二者呈现良性循环状态。这些国家在探索中取得成功，总结它们的做法，分析获取的经验，将其用于我国建设当中，促进海洋科技发展，实现海洋经济高质量发展，形成良性互动，为成为海洋大国奠定基础。

第一节　典型国家海洋科技创新驱动海洋经济高质量发展的状况

一　美国

美国经济实力强大，国土面积广阔，海洋资源丰富，科技实力强劲，海洋经济发达，远超过其他一些国家。综观美国国土，海岸线相对较长，呈现三面包绕态势，专属经济区海域面积较大。将这部分区域与该国陆地面积相比，几乎不相上下，由此可见其拥有丰富的海洋资源，也是海洋经济的基础所在。美国由于具备上述特点，因此关注海洋科技发展，投入力度一直较大，科技水平明显较高，相对于世界其他国家优势显著。正是大量的投入，促进了该国海洋科技的发展，为资源的开发利用创造条件，同时也有助于海洋经济高质量发展。根据统计数据显示，美国海洋经济所带来的利益很高，在国民经济中占有重要位置。以2004年为例，该国海洋及相关产业所获取利润超过了1300亿美元，并且为就业做出巨大贡献。由于该国海洋经济发达，所获取利润较高，因此有更多资本投入科技创新当中，加大研发投入，促进科技进步，也许一些涉海企业应运而生，它们拥有强大的自主投入能力和创新能力，也是海洋经济高质量发展的坚实基础。美国注重海洋开发利用，为科技创新提供物质前提，技术的进步又可带动海洋经济高质量发展，二者形成高效互动。

（一）拥有强大的海洋科技创新能力

美国经济发展，技术能力强大，拥有大量海洋科技研发机构，使其科技创新能力大幅度提升。综观这些机构，设施先进，技术发达，投入充足，拥有强劲的研发能力，为美国的技术增长做出巨大贡献，这是其经济占领世界首位的坚实基础，所起的作用不容忽视。同时美国有着领先的人才队伍，它们技术水平高，大量知名科学家为其服务，使得该国海洋研究处于领先地位。

1. 海洋科学研究

美国海洋科学研究起步较早，从20世纪80年代开始主导参与一些国际大型计划，这在一定程度上也会起到促进作用，对本国研究发挥积极效果，使其能够更快发展。这些大型研究计划众多，如国际综合大洋钻探计划等。美国参与了多项国际合作研究活动，使其在多个领域中取得突破，原有优势不断扩大，在前沿科学研究中成绩卓越。它们将研究成果应用于实践当中，促进海洋开发，发展本国海洋经济，反过来又增加技术投入，促进其进一步发展，使其技术水平位于世界前列。

2. 海洋技术开发

目前美国已构建起完善的海洋高技术体系，其中包含范围广泛，从监测技术到油气开发，从矿产勘探到生物资源利用，从矿产开发到潜水器技术都包含其中，同时该国注重可再生能源开发，技术上取得了突破，船舶设计与制造方面也处于世界领先位置，发展速度远超过其他国家。

以海洋环境观测/监测技术为例，美国已经取得巨大突破，从陆基到海基，从岸基到天空，所涵盖领域广阔，它们有着先进的技术，完善的高技术装备，如投弃式海流剖面仪（XCP）等，可以用于实践当中，在环境监测中取得突破。在生态环境监测中同样如此，美国的技术与设备处于世界领先位置。从海洋卫星技术角度来看，世界上虽然存在许多强国，但美国的领先地位不容撼动，近年来仍不断取得突破。美国已经建立了海洋环境立体监测系统，用于海洋观测当中，目前已经达到集成化要求。20 世纪 90 年代，该国开发了海洋声学局域网。

以海洋油气与矿产资源勘探为例，美国在这方面仍处于领先地位，该国建立了海洋电池研究独立机构，其规模之大远超过其他国家，经历了数十年的发展，取得了一系列成就，在许多方面获得了突破。美国所开发的 Magnolia TLP 在世界上处于绝对领先地位，这种平台能够在海上进行作业，对环境要求低于其他平台，作业深度远超过其他国家。美国拥有先进的设备，可以有效完成海底生产与勘探，这些在世界上处于领先位置。旋转导向钻井的发展备受瞩目，美国在这方面不断尝试，加大投入，加快步伐，力图最快掌握关键钻井技术，为自身经济发展提供保障。在天然气水合物的开发方面美国也处于领先位置，它们起步较早，参与多项国际合作项目当中，并且取得一系列突破。在大洋金属矿产勘探方面，美国也研发了许多高端仪器，由于该国海洋矿产资源丰富，因此对勘探技术提出更高要求，现实需求促使技术发展，这些仪器被相继研发出来，目前已应用于实践当中。

以海洋生物资源开发利用为例，美国同样拥有先进的技术，其关注点在于良种选择方面。近些年其致力于水产养殖动物基因组计划，培养出许多新品种，本身就有耐药性，更容易生存与繁衍。目前这些品种已出现在世界其他国家，得到了进一步推广。同时美国通过染色体组操作技术获取三倍体牡蛎苗以适应市场需要，从而帮助养殖产业获取更高利益，目前已经用于实践当中，所取得的效果较为理想。海洋生物遗传育种研究始终进行，目前更偏重于基因工程育种，并且已经启动了基因图谱计划，所涉及动物范围较为广泛，一些分子标记被应用于研究当中，目前这种情况已十分普遍。在海洋药物研究方面美国起步较早，并且成立了许多相关机构，每年有大量经费投入其中，获得了较好的成绩，从这些机构所掌握的技术来看，涉及范围较广，从抗肿瘤药物到提取抗菌活性物质、从抗心血管疾病到功能性食品等都包含其中，目前已经取得了一系列突破。从抗癌药物的研制情况来看，目前有多种正在进行临床疗效评价，有一些尚处于研究当中，但是总体情况看好，未来有更好的发展前景。海洋生物基因组的研究备受关注，也是目前的热点之一，许多国家致力于此，但是美国相对更为领先。美国通过相关研究获取功能基因，将其用于生物疾病的治疗与预防当中，在此基础上又进行了“海洋基因”筛选。深海极端环境微生物基因的研究始终未曾停止，美国已加快研究速度，力求获得突破。在海洋生物方面，美国制订了详细计划并将其运用于实践当中，带动了整个产业发展，充分发挥了科技创新的作用，获得了一定成效。该国通过制订海洋生物技术计划，增加投入，用于高新技术研究当中，建立海洋生物技术中心。

以潜水器技术为例，由于其本身具有多种功能，从海洋观测到工程建设，从科考到军事甚至娱乐，都能够利用其完成，因此备受各国关注，美国在这方面走在前列，并且致力于重点发展，技术水平远超过其他国家。从20世纪研制出来的第一个深海载人潜水器开始，美国就走在了世界的前列，它能够到达全球大多数海底，目前有新的载人潜水器即将研制成功，设计最大潜深大幅度增加，远超过原有的机器。这些潜水器的功能强大，有的甚至可以用于观光旅游，有的用于打捞作业，有的用于科学考察，从电缆埋设到航道疏浚，从水下检测到排除水雷，许多工作可以通过潜水器完成。美国自制式无人潜水器主要来自伍兹霍尔海洋研究所（WHOI），包括设计深度不同的各式机器，可用于近海环境监测和调查，也可以进行海底探测。这些研发出来的潜水器目前已经被广泛应用于实践当中，从油气勘探到船体检查，从民事到军事都在应用。

以海洋再生能源开发为例，美国在这方面已经走在世界前列，温差发电已经被应用于实践当中，这类发电站已经建成。美国一家公司研制出了波浪发电浮标和自治式波浪发电浮标，目前已在多个海域进行试验，产品相对成熟。这些设备被配置给美国海军，公司与它们签订了设备合同，合同涉及总金额已达170万美元。这些设备被应用于军事当中，为军队的探测系统供电，可以长期保证其电量充沛。在海洋生物质能方面，美国也取得了较大进步，相应技术大幅度提升，在世界处于领先地位。Vertigro公司目前已启动商业运营，将技术应用于实践当中，利用海藻来供应能量，在生物燃料方面取得重大突破。

以特种船舶设计与制造为例，美国在这方面不断投入，目前已取得巨大进展。由于实践中对于船舶的需求不同，要求千差万别，针对这种情况美国开发出一些特殊用途船舶，这些产品技术含量较高，可以满足降低噪声等特殊要求。目前一些应用的船舶有降低噪声的要求，因此设计中要充分考虑这一点，保证运行安静。一些军事船舶要求采用双体船设计，为实践应用提供平台，保证稳定及快速的要求，设计中就要充分考虑到这一点，如“Alakai”号高速轮渡。无人舰艇的研发美国已走在前列，海军往往需要执行一些危险任务，到达危险海域，无人水面舰艇在这方面就起到了重要作用。

（二）海洋科技创新带动海洋经济高水平发展

美国海洋科学技术位于世界前列，这对于它们的海洋经济高质量发展有帮助，成为重要的动力性因素。美国有着漫长的海岸带，海洋资源丰富，如果在创新方面加大力度，使其技术水平得以提升，建立完善的海洋经济体系，将会促使其在更高水平发展，从而为国民经济做出巨大贡献，产生正面影响，促进总体经济提升，占据更大优势。美国一直重视海洋开发，不断加大投入力度，在广度和深度上扩展，使海洋经济得以迅速发展，呈现出良好态势，自身潜力巨大，未来将会有更快的增长。

美国国家经济整体相对发达，海洋经济所占比例不高，但有着强劲的发展趋势，未来将会有更好的前景。根据2004年一项统计结果显示，海洋经济为全国GDP贡献超过13000亿美元。对比之前共五年时间的变化，海洋经济取得巨大突破，解决大量就业岗位问题，经济总体迅速增长。收集报告上的各项数据，分析其中六项经济指标，它们可以反映美国海洋经济高质量发展状况。

美国海洋经济结构近些年发生变化，传统产业发展平稳，但新兴产业更是以飞快的步伐在前行。纵观近几年世界经济变化，国际金融危机对美国经济产生重大影响，使得许多产业一蹶不振，甚至呈现负增长态势，面对这种状况，美国提出了发展海洋新兴产业，将其作为未来的战略目标，从而更好地促进经济增长。美国的政治经济结构发生转变，为海洋经济转型提供条件，科技的进步促进经济的腾飞，丰富的资源是海洋经济高质量发展的基础。

目前美国在多个海洋相关领域中取得突破，技术积累深厚，为海洋经济高质量发展奠定基础。以往发展主要注重于传统海洋产业，但发展至今已经受到局限，需要在新兴产业中取得突破，这样才能获得更丰硕的成果。科技的发展为海洋经济转型提供基础，促进其向高技术型转变。

美国政府注重新技术研发与产业化，它们充分利用科技园区的作用加大投资力度，推动整体发展。以大西洋海洋生物园为例，每年有大量资金投入，拥有丰富的资源，同时拥有许多高技术人才，使得其备受瞩目。该园区起到孵化器的作用，对于研究者和一些小型企业十分有利，帮助它们解决困难，实现成果转化，从而提高盈利速度。以密西西比河河口区海洋科技园为例，它们的关注点在于空间领域，开发海洋资源，并且应用于军事当中，促进整个产业发展。而夏威夷的海洋科技园以自然能实验室为依托，关注点在于热能转换方面，涉及领域众多，注重技术产品开发。除此之外，美国还拥有许多海洋产业园，各自发挥重要的作用。

奥巴马政府将发展新能源产业作为经济振兴的主要工具，通过建立科学的能源经济体系，从而为国家提供清洁安全的能源，促进产业结构转型，实现未来战略目标。所有这一切已经被纳入预算当中，根据2010年统计结果显示，美国将加大再生能源投资，相对于上年同期增加一倍。同时出台相关政策，支持海洋能源转换，在此方面加大投入，刺激其不断增长，使其能够迅速发展，未来在能源结构中占有重要位置，为国家经济发展做出贡献。

海洋开发如火如荼，许多国家致力于此，尤其是一些沿海国家，它们希望通过这种方式开发海洋资源，突破以往局限，不断扩大规模，从而获得更多利益。要做到这一点就需要高科技装备支持，国内外在这方面需求量较高，而科技创新是基础所在，只有在这方面加大投入，不断发展，才能使海洋新兴产业得以发展，拥有更广阔的空间，进而带动全球海洋经济，所有这一切必须要有高技术的支持。美国拥有先进的技术，丰富的海洋资源，明显的领先优势，未来将会在高技术领域走得越来越远，海洋新兴产业前景看好。

二　日本

日本是一个岛国，四面环海，有着漫长的海岸线，但陆地面积并不大，它的许多专属经济区与他国存在争议。综观日本的自然资源，陆地资源相对匮乏，但海洋资源较为丰富。由于四面环海，地理环境优越，因此有许多海洋资源可以开发，这也决定着日本的经济依赖于海洋。日本的经济发展历史与海洋密切相关，其社会生活同样如此。该国政府也充分认识到这一点，所制定的国策与海洋密切相关，经济发展目标也以此为基础。20世纪日本经济得到迅速发展，重工业等发展较好，但是60年代起这种局势发生了改变，逐渐向海洋产业转移，并且制定了未来的发展目标，将“海洋立国”确定为未来战略。该国建立了完善的海洋科学技术体系，从资源开发到交通运输再到海洋工程都被纳入其中，为海洋经济的发展做出巨大贡献。

（一）拥有支撑海洋经济的雄厚科技实力

围绕本国海洋资源开发等方面的需求，日本加大投入力度，建立多个科研机构，将其作为研究的主要目标。迄今为止已有许多专门性海洋科研机构建立起来，其中最大的是日本海洋科学技术中心，主要从事海洋科研活动。同时日本有许多大学致力于这方面的研究，它们拥有自己的海洋研究所，其中以东京大学最为著名。

日本除了自身致力于发展外，还关注国际合作，经常参与到一些国际合作计划当中，甚至成为发起者，如综合大洋钻探计划（IODP）等。这些国际性活动，促进了日本海洋科技的发展，他们从中受益，取得了许多研究成果，为其自身进步奠定基础，从而更加了解全球海洋。日本的一些海洋研究走在了世界前列，尤其从20世纪80年代起，它们开始注重深海及海洋微生物研究，拉网式搜索基因资源，开展相关基因组学研究，现在海藻方面取得了突破。90年代起，日本在天然气水合物研究方面逐渐取得进展，它们对周边海域进行调查，评价其中的天然气水合物情况，寻找矿集区，取得了一定成果。日本也致力于深海研究，涉及内容广泛，从地层构造到地壳活动，从沉积物到板块，从岩浆到地幔，探寻它们与地球环境之间的关系。日本定期在南极进行海洋、气象观测。

日本提出了今后几年海洋科学研究重点：①地球环境变化：这包含的范围包括各种环境变化，从海洋环境到热带气候，从北半球寒区到全球变暖，从物质循环到短期气候变化都是其研究内容。②海洋与极限环境生物圈：从海洋生物多样性到深海生物，从地壳生物到海洋环境，生物圈变迁也属于这一范畴。

日本一直致力于高技术研发，近些年也取得了一定突破，相对于全球一些国家具有明显优势，同时也建立了自己的特色。在海洋环境监测方面，日本与美国公司合作较多，共同开发了许多观测设备，同时在观测台站建设方面取得进展。在海底电缆铺设方面，日本的研究组也取得了一定进展，它们早期制订计划，用于地震监测，进行预报和预警，后期逐渐形成海底观测系统。在海洋卫星方面，日本也取得了一定突破，被纳入海岸观测系统当中，成为重要的组成部分。它们可以利用卫星实现对海面的观测，从水温到风向再到水色同时进行。

以海洋生物资源开发利用为例，日本也有突出的成就，首先体现在全雌牙鲆方面，将细胞工程技术引入其中，获得了培育成功，使鱼类单性发育技术迅速发展。盲鳗胚胎人工培育在2007年取得成功。在杂交选择亲鱼方面，引入了多聚酶链式反应法，有效阻止病毒垂直感染。通过诱导微藻获取超氧化物歧化酶，并将其应用于医药等行业当中取得突破。利用海洋生物制成人造血管，并且移植于其他生物体内，使其能够有效成活。

以潜水器为例，日本在世界上也占据领先地位，超过其他许多国家。日本也致力于深海和海洋微生物的研究，早在20世纪80年代就陆续应用载人潜水器进行考察，完成海中作业，进行一系列试验。90年代后更取得了突破，在许多领域都有涉及，潜水器的级别越来越高，甚至研制出远程航行型自律无人潜水器。

（二）海洋经济发展成就显著

由于日本有广阔的海域空间，海洋资源丰富，可以充分利用自己的技术优势进行开发，扩大范围，使海洋经济得以发展，为国民经济做出巨大贡献。综观日本经济，海洋经济所占的比例越来越高，对该国的经济发展至关重要。日本陆地资源贫乏，因此海洋成为自然资源的供给处。自然资源主要来自海洋，为它们补充了大量的蛋白质。日本有数千个海港和渔港，海上运输业发达。根据相关统计结果显示，2007年日本沿海产业规模已达到了较高比例。

日本海洋产业高度聚集，目前已经形成九个集群。综观各地区状况，发现科技创新是重要的源泉，这些集群构建出连锁体制，也形成了多层次的经济区域。日本海洋开发逐渐进入新阶段，开始向各领域推进，目前已经构建出新的海洋产业体系，并且将多种因素纳入其中，从海运业到旅游业，从渔业到油气业，每年给日本创造出大量财富，为国民经济做出巨大贡献。除此之外还有许多相关产业发展起来，从海洋工程到船舶制造，从海底电缆到矿产勘探，从海洋食品到生物制药，从海洋管理到信息技术全被包含其中。由于日本能源并不丰富，因此将开发的目光关注于海洋新能源，在发电方面取得突破。海洋产业的发展必然会带动各方面因素，相关活动迅速扩张，形成完整的海洋经济高质量发展知识体系。

日本在海洋资源开发中取得了诸多突破，许多被称为“世界第一”。青函海底隧道最早于20世纪60年代开始施工，在当时世界海底隧道中首屈一指。日本的栽培渔业发展较好，主要工作由相关协会完成，七八十年代开始在全国推行，建立日本黑潮牧场，同样被称为世界第一。日本政府出台规划，大力支持发展，充分利用先进技术进行突破。80年代末该国建立起世界第一座海上油罐式石油储备基地。

三　英国

1. 加强海洋科技创新能力建设

英国曾是世界第一强国，依靠自身的海洋科技力量征服全球，但是现在的格局已发生改变，美国的领先地位不容撼动。英国也认识到这一点，不断加大科技投入，将创新引入其中，希望能够追赶美国，重新获取自己的地位。英国注重海洋科学研究，从大洋到临海，从沿海水域到环境保护，从资源开发到国防，从气候变化到预测都是它们的关注点。以海洋技术为例，许多高新技术是其重点发展对象，目前致力于实施欧洲海底观测站网计划（ESONET）。

在海洋科技创新资源整合方面，英国近些年加大力度，致力于相关建设，也取得了一定成绩。2010年，国家海洋研究中心建立起来，与相关部门通力协作，进行海洋科技研究，涵盖范围进一步拓展。许多研究机构纷纷建立起来，是该国的研究能力大幅度提升，尤其在深海潜水器方面取得了很好的成绩，研发能力大幅度提高。除此之外在洪水预警等方面都有所突破。

2. 海洋产业体系渐趋完善

英国也有着漫长的海岸线，海域面积较大，一直以来致力于向海洋发展，曾几何时独霸世界，其海洋资源丰富，渔业方面发展较好，油气勘探技术也较为先进。英国崛起于海洋，这也是它们的经济根本所在，从开发海洋奠定自身经济基础。英国海洋经济活动范围广泛，从海上到海底，再到相关的产品与服务都隶属于其中，从渔业到油气业，从砂石开采到船舶修造，从运输到海洋设备共有18个产业部门。根据英国一项统计结果显示，该国海洋产业2008年产值所占比例已经超过6%，并且提供了大量就业岗位，从海运到油气开发再到可再生能源，各方面都取得了巨大突破。综观该国国际贸易状况，大部分需要通过海洋运输，进而对船舶制造方面起到促进作用。该国的捕捞船数量巨大，在欧洲位于前列。英国海水养殖产值较高，装备制造业也较为发达，生产出许多优质产品，以销售到海外为主。它注重海洋再生能源开发，并且在这一领域取得突破，发展迅速，为国民经济创造巨大贡献，所处的地位也越来越高。从21世纪的统计结果来看，目前年增长速度已经超过20%，相对于90年代有明显突破。

四 法国

1. 推动海洋科技资源集聚创新

法国是一个沿海国家，与英国地理位置相邻，中间有英吉利海峡间隔。法国一直注重海洋开发，历史上就进行不断尝试，积累了丰富的经验，并且有着高水平的专业技术，在世界上处于领先位置，相对于大多数国家优势明显。法国有着专门的海洋研究机构，负责海洋技术开发，同时也执行其他方面的工作，如法国海洋开发研究院（IFREMER）。这一机构成立于20世纪80年代，人员数量庞大，在国际上的知名度较高，近几十年也取得了一系列成绩，涉及范围广泛，从赤潮治理到生物技术，从动态力学到深潜技术都隶属于其中。法国有著名的海洋科研中心，也是业内所关注的目标。

IFREMER 工作领域：一是研究各种海洋问题。海洋已经开始受到多方关注，公众有许多关心的问题，大多成为该机构的研究热点。目前许多海洋问题已经对人们生活产生影响，因此备受关注，从气候变化到海洋多样性，从污染到勘探，这些都是它们研究的内容。法国在深海勘探中一直处于领先地位，是许多国家难以超越的。二是对海洋进行监控，包括海岸带部分，关注生态环境，促进其整体水平提升。三是针对大型海洋研究设施、设备进行研发、管理。该机构设备监控系统，在海洋研究中优势明显，可以获取相关数据，为科学家的研究奠定基础。四是针对水产养殖业进行监控，通过监测获取数据，促进产业调整，提高产品质量。法国针对海洋的研究由来已久，在海岸海洋学方面取得了一定成果，超越了大多数国家，软体动物研究方面更处于领先地位。五是针对海洋资源进行研究，促进合理开发利用，发挥保护作用，实现可持续发展。六是针对海洋生物物种进行研究，除考察外还致力于此类资源的开发，在保护中合理利用。七是针对海洋生态环境进行监控，采集相关数据，完成信息交流，在理论与知识方面不断丰富。

2. 海洋经济快速发展

法国一直以来注重海洋开发，因此在这方面具有优势，技术先进，尤其在潜水领域更是如此。法国海岸线漫长，此处聚集了许多产业，地理环境优越。将先进的技术应用在实践当中，加强管理，促进自身发展，成为海洋强国。法国海洋业在许多方面发展较好，从渔业到采矿，从船舶修造到油气开采，从建筑业到旅游业，从海底电缆到航运业都发展较好。海洋经济所带来的财富与日俱增，在国民经济中所占比例日益提高，带动就业，所做出的贡献显而易见。

法国海洋渔业发达。以往多去其他国家近海岸海域捕鱼，现在需要从这些专属经济区内撤出，因而开始转到远海和本国经济区，开拓新的市场。以水产养殖业为例，法国较为发达，品种较多，许多食用鱼类经济价值较高；贻贝养殖历史较长；运输业同样也较为发达；港口众多，带来巨大的经济收益。根据统计结果显示，法国对外贸易大多通过海上运输完成；滨海旅游所带来的财富与日俱增，在海洋产业中占据重要位置，并且以较快的速度发展，远超过渔业的增长率。以潜水器为例，法国在这方面技术先进，研制能力较强，生产的产品深潜作业量较高，处于世界领先地位。以油气勘探为例，反而有着先进的技术，并且主动向海外扩展，通过合作向他国海域范围扩张，共同开发其中的油气资源。

五　加拿大

加拿大海洋资源丰富，三面环海，海岸线较长，大陆架面积较广，是世界上第二大国家。国土面积接近1000万平方千米，海岸线与之相比超过200米/平方千米，人均海洋面积远超其他许多国家。加拿大北极群岛是世界上最大的群岛，同时也进一步延长了加拿大的海岸线。从该国城市分布情况来看，沿海地区大城市众多，大量人口在此处生活，比例接近1/4。

从该国经济情况来看，每年的海上贸易为之贡献了大量财富，成为该国的支柱性产业。其海上运输业发达，无论是国际还是国内都位于前列，渔业和水产养殖业发展较好，其他海洋产业也并不落后。由于拥有漫长的海岸线，其国内海洋资源十分丰富，为人们生活提供大量资源，带来便利生活条件。加拿大政府也认识到自身优势所在，20世纪70年代以来对海洋的关注度逐渐提升，从20世纪末开始发展速度迅速提升。

《海洋法》是该国的国家性法律，1997年颁布实施，对该国渔业起到大力支持作用，同时有助于督促制定“加拿大海洋战略”。在上述法律的基础上相继出台了三个沿海地区管理计划。

《加拿大海洋战略》则在21世纪初颁布实施，用于指导本国海洋经济发展，完成管理工作。对这些工作要点进行总结，主要集中在以下几个方面：在海洋综合管理中要注意生态保护，坚持生态系统；认识现代科学知识的重要性，同时也要重视传统生态知识；综合管理，坚持可持续发展，防重于改；了解目前的各项管理方法，对其合理利用，采用相互配合的综合管理；加强相互协作，完善海洋管理，同时提高运营能力；重视生态环境，加强海洋保护，促进可持续发展，使海洋经济潜能有效地发挥出来；重视海洋管理，维持世界领先地位。政府各部门之间要通力合作，保证工作协调；各级政府要相互配合，确定工作协调；政府与产业界不可相互独立，促进彼此之间的协调；同时也要关注产业界与民众之间的协调。2004 年该国政府通过“加拿大海洋行动计划”，加强海洋综合管理，维持自身的国际领先地位，保证海洋主权，维护海洋安全，具体规划了海洋健康，有效解决海洋科学技术等问题。

加拿大制定了本国海洋发展战略，并在此基础上进行了工作调整，21 世纪发生新变化，重点出现转移，具体如下。

（一）制订北极海洋战略计划框架

近些年全球变暖形势始终未曾停止，对北冰洋气候产生较大影响，大量冰雪融化，开发条件逐渐向好，因而受到许多国家关注。环北极国家占据地理优势，纷纷加入北极开发当中，非北极国家也不甘落后，竞争逐渐出现白热化。加拿大政府注重海洋开发，北冰洋的大量能源开始受到它们关注，有针对性地制订一系列计划，以期为自身赢得更多利益。加拿大已经开始了自己的北极战略，它们与北极国家和原住民族之间的矛盾将难以避免，首先就是环境污染问题，资源开发有可能引发上述情况，必须合理解决；其次是生态系统完整性，进行北极开发时必然会导致其完整性受到影响，干扰当地人们的生活；另外，生物多样性矛盾等也成为重要阻碍。

（二）海洋环境、生物多样性、海运和海事安全问题

加拿大海洋发展战略的实施，对环境产生了不同程度的影响，造成了一定污染，使得海洋生物受到威胁；该国的海洋运输业较为发达，每年为国民经济贡献大量财富，年货物运输量在世界上处于领先位置。这些是加拿大海洋工作重点所在，发展过程中要注意环

境保护，维持生物多样性，确保海运、海事安全。目前大西洋西北岸过度捕捞问题较为严重，必须采取合理措施有效解决，是目前需要关注的重点。

（三）海洋综合计划管理

如何能够有效开发利用海洋资源对国家发展至关重要，因此要加强海岸带综合管理，充分发挥政府的作用，完善相关法律法规，尤其要关注五大管理规划优先领域，完善综合管理，才能满足目前要求。该国的海洋工作重点也在于此。

（四）国际海洋地位

加拿大要获得足够的国际社会话语权就需要提高自身国际海洋地位，为此它们不断加强国际海洋管理，以期在全球论坛上更为突出，从而稳定自身领导地位。加强国际海洋合作，发挥有效的管理职能，有助于国际海洋地位的提升，因此也是该国的海洋工作重点。

六　澳大利亚

澳大利亚同样是一个海洋国家，三面临印度洋及其边缘海，除大陆外还包括诸多岛屿，同时该国还有部分海外领土。东部属于太平洋相关海域。该国海岸线较长，总体超过 2 万千米，国土面积相对较大，占据大洋洲的大部分，位居世界第六。海岸线与之相比超过 250 米/平方千米。该国人口密度较小，人均海洋面积较大，居全球首位。这是一个富饶的国家，物产非常丰富，经济较为发达，农业是重要的支柱产业，每年矿产出口为之贡献大量财富，超过全球其他国家。政府一直重视海洋管理，20 世纪 70 年代末颁布“海岸和解书”，从而正式确定其绝对控制权。一直以来该国致力于促进海洋产业发展，加强综合管理，采取合理方式有效利用海洋资源，保证其协调开发。他们将工作重点放在海洋发展战略方面，完善相关法律，促进科技发展，使得本国的海洋经济不断提升。

纵观澳大利亚的海洋产业，农牧业发展速度较快，海洋养殖业日益发达，滨海旅游业如火如荼，船舶制造业快速进步，这些产业每年带来大量财富，成为该国海洋经济中重要部分，对国民经济的贡献率日益提高，在全球居首位。该国政府始终注重海洋产业发展，以可持续发展为核心制订战略计划，出台各项政策保证海洋经济高质量发展，为其提供各项支持，以期能够加强竞争力，确保全球领先地位。《澳大利亚海洋产业发展战略》的制定和实施促进了产业之间的互动，加强各部门协作，对它们进行整合，确保各项管理政策落实，提高海洋管理水平。海洋工作主要由“国家海洋办公室”总体负责，统一领导，充分发挥监督作用，确保海洋规划有效实施，同时发挥协调功效，解决各部门之间的矛盾，确保能够通力合作。该国政府还颁布了两个计划方案，主要用于加强海洋产业发展战略实施。《澳大利亚海洋政策》出台于20世纪末，对海洋工作的五个部分做了明确规定，其中之一为海洋的可持续利用，必须坚持这一原则；加强海洋综合规划，有效进行管理；针对海洋产业提出了详细规定；科学与技术也是其重要内容；另外，详尽介绍了主要行动。战略措施的提出是为了有效规划国家海洋资源，管理海洋产业，促进其合理发展，给予相应支持，其目的是促进海洋经济高质量发展，成为其根本性保障。21世纪澳大利亚海洋发展战略的核心在于环境的保护和治理。

《2010海洋保护法修正案》的核心在于保护海洋环境，有效解决向海域排放污染物的问题。随着海洋的不断开发，环境保护开始被提上议事日程，各大洲也纷纷认识到这一点，先后出台多项法案，以期能够有效解决上述问题。海洋污染治理工作对于海洋战略的发展至关重要，法案的出台为其提供了法律保障，同时可用于未来工作的指导。澳大利亚政府始终重视海洋立法，多年来致力于此，出台了一系列法律制度，相对于其他国家较为健全。纵观目前国内相关海洋法律，总数超过600部，涉及海洋经济的诸多方面，可以有效促进其发展，为其提供法律支持。同时该国也是《联合国海洋法公约》缔约国，为其争取海洋权益提供便利条件。澳大利亚在海洋科学研究方面始终未曾放松，重视技术创新，并且出台了一系列制度给予保障，促进了海洋研究系统的建立，为未来海洋发展战略提供了技术支持。

第二节 典型国家海洋科技创新驱动海洋经济高质量发展的经验借鉴

由此可见，世界上许多国家拥有先进的海洋技术，因此带动了本国海洋经济高质量发展，形成互动关系，其中占首位的为美国，其次是日本、英国、法国、加拿大和澳大利亚，经过多年发展已取得显著成效。除此之外还有一些先进的沿海国家也致力于海洋开发，纷纷出台政策措施，为海洋活动提供支持，目前成就明显。本书对这些国家进行总结，分析他们的做法，吸取相关经验，进而应用于我国实践当中，以期能够推动国内海洋科技创新，使其与海洋经济形成互动，进而起到带动效果，促进我国海洋经济高质量发展。

一 制定海洋科技的战略方针

随着各国海洋活动不断活跃，一些沿海国家纷纷制定海洋科技政策，通过这种方式对海洋开发进行指导。海洋科技的作用显而易见，其核心地位难以撼动，因此在各种政策方针中被当作核心内容来进行战略规划，各国希望通过这种方式提高自身创新能力，促进海洋科技发展，从而更有效地开发海洋，促进海洋经济提升，进而带动整个国民经济发展。

一些国家并不仅仅局限于政策调整，同时还在法律上不断完善，强化政策的作用，从而使影响进一步增强，充分展示出该国的战略方针。早在20世纪90年代末，加拿大就颁布了相关法律，其中涉及沿海各国的权利，并在法律中具体化，以国内法的形式显示出来，充分体现了该国的海洋战略，并通过立法的形式将其落实下来，表明自己的政策方针。日本的立法晚于加拿大，于2007年通过，充分体现了该国的海洋政策，并将自己的理念纳入法律当中。《海洋基本法》中将开发、利用和保护海洋相结合，既要保护海洋环境，又要合理开发，维护海洋安全，进行产业调整，提高管理水平，充分发挥国际合作的作用，在合作过程中发展。英国于2009年制定相关，法律这就意味着综合海洋法律成为法规体系中的一部分。从各国法规制定情况来看，目前正逐步升级，日益完善，许多问题被纳入其中，用于政策地位的确定，使得执行力度大大加强，这样才能够更好地落实下去，对海洋活动进行指导，从而发挥法律效率，产生更大影响。

海洋科技研究为未来发展提供基础，需要立足于这些成果，将创新引入其中，才能够发挥主导作用，促进海洋经济高质量发展，增强沿海国家实力，这也必然会成为它们关注的目标。奥巴马对基础研究提出了自己的看法，他认为只有在这方面不断加强才能保证国民的健康生活，使国家获得更好的能源，增强自己的军事实力，从而在各方面得以提升，否则一切如空中楼阁。关于海洋科技研究方面，美国专门制定、实施了战略，里面包含优先研究的内容，同时也涉及了优先研究领域。它的制定可以有助于人们理解海洋变化情况，更好地解决相关问题，对实践做出指导。英国也就海洋科技问题进行研究，制定《2025海洋科技规划》。日本同样关注海洋科学知识的研究，提出在这方面需要进一步充实，作为战略性课题进行调查研究。2002年加拿大制定的未来海洋发展策略，提出了加强管理的重要性，认为必须要观测海洋，进行深入研究，仔细分析，为管理提供基础。澳大利亚也决定了未来的研究计划，确定多个重点领域，在这方面着重发展。

二　完善海洋科技法律法规体系

近几十年人们对于海洋重视程度提升，各国致力于海洋开发，海洋经济得到了前所未有的发展，一些国际规则与公约逐渐出台，成为约束各国的主要方式，海洋资源有序开发时代已经到来。联合国海洋法会议相继召开，第一次出在20世纪50年代末，经历了多年准备后获得成功，相继出台了四个海上公约。两年后召开了第二次会议，地点同样在日内瓦，针对第一次会议中未能解决的问题再次进行讨论，却未获得理想结果。各国意见存在较大分歧，未取得共识，许多问题在此遗留下来。第三次会议于70年代初召开，相距上一次已经过了11年，许多形势发生了改变，各国立场也有所不同，这是一次艰难的会议，《联合国海洋法公约》是此次会议获得的成果，经历了10年的激烈讨论而取得。而该法律正式生效又经历了十余年时间。

《联合国海洋法公约》实际应用并非一帆风顺，其内容模糊引发诸多问题，因此在各国间造成纷争。该公约对沿海国家具有指导作用，它们在此前提下极力扩大本国管辖海域范围，争取更大海权，但相互之间存在矛盾，争议难以避免。由于海洋经济的诱惑，各国不遗余力投入其中，促进实践发展，它们在该公约的指导下制定战略规划，力图在法律上进一步完善，从而更利于本国经济发展。这些情况在21世纪更进入了白热化的状态，海洋国家完善发展规划，进行综合管理，并将其当作未来发展的必要前提。早在20世纪末，美国就对本国的海洋事业做了新的规划，并将未来发展提上议事日程。加拿大也致力于海洋相关问题的规划，它们力图建立自己的海洋国际领导地位，并制定了具体实施方案，致力于海洋主权与安全，在综合管理上加大力度，可持续发展是未来的目标，同时还落实了海洋健康与技术等问题。21世纪初一些国家也相继做出调整，英国制定了短期海洋科技发展战略，对未来数年的海洋开发利用进行指导。日本同样不甘落后，出台综合性海洋政策文件，用于指导21世纪海洋开发。《海洋韩国21》是韩国的指导性文件，制定于20世纪末，该国力图通过蓝色革命促进海洋的开发与利用，使自身发展成为海洋强国，以雄厚的海洋实力立足于世界。国际组织同样注重海洋经济高质量发展，纷纷制定法规对各国进行指导。《欧洲海洋战略》最早出现于21世纪初，是对海洋资源进行综合管理的指导性文件，其中做了详细规划，对于欧盟国家至关重要。《国际防止船舶污染公约》来自国际海事组织，主要用于海洋环境保护，对于船舶污染的问题起到了指导作用。

三 加大海洋科技人才投入

科技创新需要人才和资金的投入，这也与经济发展密切相关，投入的增加可提高创新能力，进而促进经济发展，因此人才和资金成为重要的决定性指标。对于发达国家而言，资金投入往往较多，又可以吸引到大量高水平人才，可以大幅度提高其创新能力，促进经济社会发展，使其维持在较高水平。但是除了上述两种因素外，人才培养引进机制同样至关重要，创新投入机制也不可或缺，只有将这两方面因素纳入其中，深化调整，才能进一步提升创新能力，促进经济发展。近几年国际经济发展呈现出不稳定状态，国际金融危机的影响始终存在，许多国家尚未摆脱困境，未来的发展至关重要，各国应采取有效措施，调整自身经济状况，政策上加以完善，加强人才培养，提高投入，在科技创新方面不断取得进步，从而提升创新能力，增强竞争力，从而获得更多利益。

奥巴马就曾提出这一观点，认为可持续增长和高质量就业对于国家的发展至关重要，只有通过这种方式使下一代增强技能，掌握更多的知识，从而拥有较高的劳动力水平，为国家的发展奠定基础。美国相继采取行动计划，在教育方面不断投入，力求使本国学生掌握更多科学知识，在世界上处于领先地位。欧盟同样不甘落后，提出了促进人力资源建设的观点，针对人员流动情况，它们希望吸引更多人才就业，从而在技术上得以提升，促进本国海洋行业发展，为其提供强有力的支持。将海洋教育纳入整个体系当中，通过终身学习不断强化知识，在能力上有所提升。日本同样注重人才队伍建设，希望能够通过这种方式提升本国的国际竞争力，在创造力上不断加强。澳大利亚政府也相继出台了一系列文件，希望在未来更有效地吸引人才，建立优秀的研究者队伍，在政策上给予支持，并采取有效措施加以保障。俄罗斯注重吸引海外高水平科学家，同时也注重自身的高效培养，拨发专款提高投入水平，在政策上加以调整，为引进人才创造条件。德国制订未来发展计划，增大资助力度，吸引优秀青年科学家，使其为我所用。

海洋科技创新本身就有公益性，同时风险难以避免，各国要有充分认识，有效发挥政府作用，加大财政投入，从根本上解决问题。2003 年美国曾有报告指出，应该加大海洋研究经费的投入，在当时的标准上提高一倍，这也是最基本的要求。并且这种投入调整需要每年进行，根据实际情况逐年增加。欧盟也提出要加大海洋研究投入，通过这种方式提升自身技术水平。英国曾做出未来计划，增加科研经费的投入。2003 年加拿大政府将大量款项投入科技开发方面，总数接近 8 亿加元，其中对于海洋观测系统的建设投入量较高。韩国政府也关注于海洋及水产的研究，计划中投入大量经费，提高预算，使所占比例达到发达国家水平。对于海洋经济的研究，国外一些国家加大投入力度，而资金来源并不统一，政府是其中重要的一部分，同时还包括私人资本投入。从美国的一些研究所来看，除了政府投入之外，还会获得国防部和海军的资金支持，除此之外还有为数不少的个人捐赠，以各种各样的形式出现。而这些机构本身也可以获益，有可能来源于银行存款，也可以来源于投资的证券，这些机构本身也有技术成果，成果转化可以获得经费。由此可见经费的来源十分广泛。韩国制定了“十年海洋开发计划”，希望可以获取更多私人投资的支持。许多涉海企业是投资的主体，他们可以将这些技术成果转化，因而在竞争中占据优势，生产出更好的产品，远销国外，并提供高质量服务。公司的利润中有很大一部分被用来研发科技，甚至可以高达 50% 。

四　发展战略性海洋科技产业

战略性海洋新兴产业是一种海洋产业门类，海洋高新技术是其核心所在，在这方面大力发展，获得科技成果，再对其进行转化，从而满足市场需求，并且获得更多市场，推动区域海洋经济高质量发展，使其成为主导产业。对于这一产业的发展，目前已备受关注，一些发达国家将其作为促进经济增长的主要动力，以期能够提升自身海洋竞争力，成为未来发展的主要方向。各国立足自身，增加海洋科技投入，将其作为未来的发展重点，在前沿科技研发方面加大力度，希望能够提升自身科技水平，从而在海洋新兴产业方面有所突破，为自身经济发展赢得更多机会。以美国为例，其十分注重培育战略性海洋新兴产业，将一些有发展前途的领域纳入其中，从可再生资源到生物产业，从信息产业到纳米技术都是重要的内容。美国站在整体发展的角度选择所要发展的领域，并且通过政策支持加以保障。有学者针对美国政策进行研究，认为新能源发展是其目标之一，未来将会有更广阔的前景，必然会成为该国的朝阳产业。日本对未来海洋产业的走向也有自己的目标，充分利用海洋资源与空间，大力发展重点海洋产业。该国目前在新兴产业中取得了一系列成果，从海底电缆铺设到矿产勘探，从生物制药到海洋信息，发展速度超过大多数国家。海洋新能源开发利用一直以来是日本发展的重点，在发电方面位于世界前列。日本还制定了未来十年的海洋开发利用战略目标，从天然气水合物到天然气，从石油到热水矿床都被纳入其中，未来还会向更新的产业领域发展。欧盟同样关注海洋研究，并出台一系列文件加大技术投入，将保护环境与产业发展并重，希望通过技术创新发展新兴海洋产业。欧盟有许多海洋科技创新技术位于世界前列，从蓝色生物技术到可再生能源，从水下技术到装备等，这也是未来的发展重点。英国始终重视可再生能源的发展，以及通过这种方式带动本国海洋经济，加快发展速度，提高在国民经济中的地位。可再生能源在英国的使用越来越广泛，每年都以较快的速度在增长，并且这种增长速度也在加快。韩国一直重视新兴海洋产业发展，提出未来将加大投入力度，尤其在海洋服务产业方面有所突破。

五　发展海洋生态科技

一直以来人们都不断向海洋摄取，但由于以往技术水平较低，大多以粗放型经济为主。时间的车轮到了 20 世纪 50 年代，规模化开发逐渐成为主流，科技的发展为其提供基础，人口的膨胀带来更多需求，对于资源的摄取速度逐渐加快，因而对海洋的影响也日渐增大。科技的进步又推动了这一过程，资源开发的脚步越来越快，对人类社会经济产生重要影响，也使财富得以积聚。在此大背景下，一些负面效应逐渐凸显，过度索取导致资源锐减，无序开发破坏海洋环境，大量的生物灭绝和减少，环境气候变化引发海灾，这些都到了不得不面对的时候，也对可持续开发提出了更高要求。任何资源都不是无限的，如果仅仅是摄取必然引发破坏，带来严重问题，人们必须要关注这一现象，采取措施加以制止，合理开发和利用海洋，这也是未来发展的主要方向。一些国家开始采取措施，制定法律法规，在经济上进行调整，有效加以管理，从教育上入手强化，目前已经获得了一定成果。

美国已经提出了海洋综合管理的问题，要真正将生态系统纳入其中，发展海洋科技，合理利用资源，采取科学的方法保护海洋及海岸带资源。同时提出了终身海洋教育，使海洋意识深入每个人的头脑当中，潜移默化地发挥作用。日本《海洋基本法》提出了海洋开发的基本原则，其所包含的内容较多，从环境保护到合理利用，从可持续发展到综合管理都需要按照法律规定进行，法律中明确提出了要保护海洋环境，恢复被破坏的资源，未来将向可持续发展的道路前行，合理利用海洋资源，并且在教育上加大力度，提高全民素质，增强海洋意识，通过这些措施来寻求开发与保护的平衡。欧盟同样注重海洋研究，未来将加大技术投入力度，合理开发海洋资源，将其与环境保护并行，促进海洋产业进一步发展。加拿大等国也出台一系列政策，尤其关注海洋生态环境保护，加强管理，从多方面入手保护海洋，同时在海洋教育等方面加大力度。发展生态化技术、实现可持续发展，这已经成为国际社会的共识，也是未来的发展方向，需要以此为前提进行海洋开发。

六　重视海洋科技领域的国际交流合作

各国在海洋科技创新方面不断努力，通过多种方式促进产业发展，而国际合作与交流成为重要手段。对于海洋的开发成为许多国家的关注目标，但是各国国情不同，有着不同的历史，模式存在差异，政策也不完全一致，这就使对海洋科技发展产生的影响有所不同，导致产业发展水平千差万别，各国有自己的优势和不足，如果能够加强合作与交流，形成优势互补，必然会产生协同效应，促进共同进步。

欧盟各国之间也希望利用自身共同体的优势加强合作，使各成员之间形成互补，提高海洋研究效率，充分发挥各国资源的优势，减少不必要的消耗。日本一向注重国际合作，在国际海洋活动中占有重要位置，参与国际公约的制定，从终端解决到资源管理，从环境保护到海洋安全，该国都积极参与其中。当今的韩国也重视与其他国家的海洋合作，不断扩大合作规模，参与国际组织当中，并且在其中发挥重要作用。韩国目前参与了许多国际合作体的工作，并且致力于扩展与朝鲜的航运服务航线，用地理优势加强合作，有效利用资源，实现全面提升。加拿大在这方面也十分重视，近些年与多个国家之间建立合作关系。它们认为只有加强合作才能实现优势互补，从而有助于科学发展。加拿大本身渔业发展较好，目前开始关注水产养殖方面，与他国共同合作制订发展计划，与美国共同建设的海底实时观测系统，实现了多方面的突破。美国的海洋科技发展较快，技术水平居全球首位，但是同样关注国际合作，参与多个组织当中，甚至是其中的倡导者，合作范围较广，大部分的合作计划有美国的身影。其他一些发达国家也积极参与合作研究计划，在其中发挥重要作用，通过这种交流方式，使各国之间能够更好合作，形成优势互补，加速学科间融合，将创新引入更广阔空间，从而推动海洋科技发展，实现持续创新。

第三节　本章小结

本章通过对典型国家海洋科技创新驱动海洋经济高质量发展的

状况的分析，总结了典型国家海洋科技创新驱动海洋经济高质量发展的经验借鉴：制定海洋科技的战略方针、完善海洋科技法律法规体系、加大海洋科技人才投入、发展战略性海洋科技产业、发展海洋生态科技和重视海洋科技领域的国际交流合。

第八章　海洋科技创新驱动海洋经济高质量发展策略

第一节　完善海洋科技创新法律法规

从海洋科技创新驱动海洋经济高质量发展理论与实践情况来看，法律的支持必不可少，只有建立良好的法治环境才能为之提供保障。综观目前发达国家的做法，普遍制定了完善的法律，保护科技创新，促进其进一步发展。同时在科技投入等方面制定法律法规，将其应用于实践当中，成为科技创新的保障，从而发挥更积极的作用。我国需要对此重视起来，借鉴他国经验，立足自身，以可持续发展为核心，加强法规建设，通过完善相关法律法规，提供良好的法治环境，保证科技创新顺利进行。原有法规如果存在缺陷，可制定新的法规加以弥补，对各地采取鼓励的态度，加速科技资源整合，并且在地方法规上进一步完善，从而更好地保证科技创新进行。

法制建设是科技创新的重要保障，同时政府也要充分发挥作用，在多方面给予支持。企业技术进步需要多方支持，政府在其中应该发挥重要作用，出台相关财税政策，给予适当优惠，提高企业积极性，从而发挥正面效用。发达国家普遍重视高新技术产业。政府会充分利用自己的力量，给科研院所以全方位支持，使其能够致力于产业技术开发，免除其后顾之忧，这些机构还可以转让成果，以此来获取更多资金，用于自身生产和创新，同时也加快了成果转化。国家的各项政策可以有助于科技创新，对于我国来说同样如此。今后，对于海洋科技的需求越来越大，需要立足于实际，从多方面进行发展，完善各项配套政策，促进其全面发展。还可以通过创新基金的方式促进科技成果转化，建立政策支持体系，实际更有助于科技创新，保证其稳定发展，高效运行。

加快推进我国海洋科技创新，法律支持必不可少，必须要更新观念，有效落实相关政策法规，促进科技创新。发挥政策的作用，起到激励效果，加大执法力度，有效进行宣传，确保其充分实施，从而能够促进高科技发展。国家出台相关政策，促进科技创新，同时要不断加大力度，发挥双轮驱动作用，使海洋科技能够更好地发展，激励其不断进步。充分发挥科技创新的作用，提高其对海洋经济的影响，从而拉动国家经济，促进区域经济发展，达到全面进步的目的。

对于海洋科技创新来说，政策支持十分重要，必须要加强制度建设，使其充分发挥作用，这样才能使科研发展迅速，涌现更多成果，提高转化率。政府在此应该起到积极作用，加强政策支持，制定各种制度与法规，保护科研成果，提高技术创新效果。法律体系的完善至关重要，只有这样才能保证海洋科研有效进行，加强成果推广，完善服务体系，落实知识产权制度，对其进一步优化，维护市场环境，保证制度实施。技术创新与风险并行，有可能存在诸多不确定性，因此政府需要全面把控，有效减少风险，可以引入非市场方法，发挥推动效果，实现宏观调控，完善相关法律，改善创新环境。海洋科技创新离不开政府支持，各项政策的出台可以发挥关键作用，制度的制定至关重要，其依赖性不容忽视。政府要在宏观上加以把控，制定各项公共制度，为技术创新提供条件，同时保证创新者收益，避免冲突发生。政府曾出台各项政策激励技术创新，力图从多角度发挥作用，也获得了一定成果，同时要注重相互配合，起到相互辅助的功效，从而促进技术创新，建立完善有效的政府政策体系。

第二节　调整海洋科技整体布局

在海洋科技创新体系中，政府的作用不容忽视，它们发挥引导作用，在宏观上加以把控，有效协调各方，为之创造有利条件。海洋科技创新活动具有其特殊性，其高外部经济性难以避免，同时又具有公益性特征，需要在这两方面达到平衡。与其他经济因素的区别使其难以完全通过市场调控达到最优状态，必须要充分考虑社会需求，如何做到这一点就需要政府发挥作用，有效加以引导，全面进行调控。加强政府职能转变，充分发挥其作用，维护市场稳定，宏观调控科技创新，有效建立管理体系。在“海洋强国”建设背景下，为凸显海洋科技的支撑地位，就需要专业的委员会进行领导，站在宏观的角度统筹安排，加强海洋资源优化配置。为强化协调和决策能力，人员主要由各部门的负责人及专家构成。该组织需要负责统筹规划，在我国现有的基础上进行安排，确定未来目标，制订战略规划，实施有效政策，进行宏观监督，全面进行调控，实现整体调整，推动海洋科技创新工作顺利展开，使其能够快速发展，沿着健康的道路前行。我国海洋研究同样要加强国际合作，政府在其中起到重要作用，其既是组织者又是联系人，同时负责做出最终决策，使国际合作顺利进行，并且发挥协调作用，领导各种海洋科技研究项目，并且提供支持，确保海洋开发能够顺利进行，持续发展。

适应国际海洋高技术化特征，了解其多学科交叉状况，充分利用自有资源，加强海洋科技创新，促进其可持续发展，打破既有界限，突破地域限制，实行多部门交叉合作，通过科研机构进行重新布局，调整职责分工，改变既有局面，集中各方科研力量，充分利用资源，开通信息沟通渠道，促进其全面畅通，合理配置科技资源，有效进行整合。通过上述方式调整科技力量，完善合理布局，可以从如下方面入手。

整合和重组资源。要以我国国情为出发点，立足实际，打造科研基地，并以此为中心发展技术创新，这样为国家做出贡献，成为海洋事业发展的核心支撑力量。从我国目前发展情况来看，存在三大区域性海洋经济区，各自具有一定特征，成为海洋经济中核心部分，为之提供全面支持。综观目前国内海洋经济发展状况，主要集中于少数领域，其中长三角和珠三角是我国经济发展最好的地区，区域经济呈现聚集性特征。而从我国的海域资源情况来看，由于海岸线漫长，南北中部地区存在显著差异，生态环境明显不同，因此在发展产业时侧重点并不统一。海洋创新必须依据当地实际情况，结合地理环境特征，充分考虑区域内产业状况，在原有的科技基础上加以发展。各地区海洋科技力量分布不同，发展过程中要加以兼顾，根据各地特色有所侧重，形成差异性研究领域。

合理布局，充分发挥地方的作用，建设海洋创新机构。根据当地实际情况，采取合理设置，发展区域海洋产业，建设研究机构，加快成果的研究及转化，站在地方的角度进行创新研究，弥补国家级基地不足，从而更适用于本地方发展，满足区域内需求。不同级别研发机构分工明确，优势互补，建立有效联系，从而更好地发挥作用。国家级基地科技创新的重点领域在于基础研究和前沿技术方面，需要在此加大力度，有效开发，提升自身实力。从研究范围来看，包含领域较为广阔，也是主要的目标，同时也应向深海发展，极地区域不容忽视，这些是海洋产业发展的有利方向。加强产业技术调整，有力开发使用技术，不断创新，迅速突破，促进海洋产业发展，为之提供技术支持，有利于提升区域经济，实现全面进步。促进地方性海洋科技发展，建立创新机构，提高科研水平，将其与生产经营联系起来，建立一体化系统，在技术开发方面加大力度，同时注重服务，充分发挥企业的作用，实现科研成果转化，促进科研技术的提升。

调整海洋科研力量，进行重新布局。近些年我国重视海洋科研发展，相关机构研究力量较为雄厚，但是并没有被充分利用起来，需要进行优化重组，充分发挥它们的作用。从目前情况来看，许多问题现实存在，内部矛盾重重，涉及方面广泛，体制上有诸多制约因素，财务方面也存在各种阻碍，问题错综复杂，相互影响，解决难度较大，需要花费一定的时间与精力。面对上述情况，需要全国性领导机构统领全局，宏观协调，平衡各利益者之间的关系，获得它们的理解与支持。只有这样才能够解决问题，真正促进任务的完成。优化重组全国海洋科技研究力量势在必行，但实施中难度较大，首先要完成组织动员工作，并且落实到实践当中，最终消化吸收，短时间难以完成。

第三节　构建海洋科技研发机制

海洋科研管理体制中存在诸多问题，目前必须要面对。首先在于科研机构方面，重叠现象较为普遍，存在地域差别，力量较为分散，导致管理混乱，多层管理难以避免。这些将不利于科技创新，对人员的激励作用欠缺，投入明显不足，难以获取足够创新资源。现有管理体制存在问题，配套机制不完善，必然会阻碍海洋经济的发展，难以满足新阶段要求，无法保证技术成果转化，对此必须重视起来，立足自身，寻找规律，有效进行发展，促进体制改革，建立新的机制，发挥积极作用，产生正面效应。

一　强化海洋科研机构内部管理

深化体制制度改革。传统的管理体制存在诸多弊端，既有的制度并不完善，无法满足现实需要，深化改革势在必行。必须要坚持原则，有效分工，加强协作，提高效率，优化布局，合理调整各科研机构，大力推进改革步伐，使其发生转变。加强制度创新，以此为突破口进行改革，充分发挥市场导向的作用，促进运行机制的转变，进行结构调整，使其功能更为全面。发达国家起步较早，积累了丰富的经验，都可以为我所用，促进宏观管理机制的调整，使其在海洋科技方面发挥作用。完善政府职能，加强海洋科研管理，集中各方力量，提高管理效率，避免资源浪费，改变以往的低水平重复现象，促进科技进一步发展。请海洋科研人员管理，引入选拔制度，吸引各方人才，采取合理政策，充分发挥科研绩效的作用，将其与岗位工作挂钩，制定完善分配制度，改善晋升制度，从而产生激励作用，促进技术创新。原有的科研立项制度并不完善，管理问题重重，必须要加大力度进行改革，废除陈旧的规章制度，立足实际，为创新扫平道路，打破原有的分割局面，各部门通力协作，避免重复设置的情况。管理制度上需要进一步完善，着力改革，建立有效立项机制，提高管理水平，加强项目评估。许多发达国家在项目管理上水平较高，可以借鉴它们的经验，引入市场竞争机制，有效调整配置，充分利用海洋资源，完善招标制度。科研人员在其中起到主要作用，由他们负责制订计划，提出申请。经费的审批需要一系列过程，从评估到落实有严格的程序，实施过程中必须遵守。重视知识产权，提高其在评价中的比例，同时与奖励挂钩，加强职务考核，突破陈旧观念，在数量与质量方面有所提高，这将有助于全面了解单位或个人的能力，从而进一步完善激励机制，使其发挥正面效用。

二　提升国家海洋科技创新平台

推进海洋科技发展是大势所趋，也是未来的主要方向，需要立足于实际，调整研发力量布局，充分利用各种资源，使其更有效发挥作用，在我国北、中、南三大国家级核心海洋科技研究基地框架内，依托创新主体，建立各级实验室，完善运行机制，使其充分发挥作用，突破原有局限性，消除体制障碍，使各主体之间建立有效联系，形成创新载体，建成我国海洋基础与应用研究和高技术研发与产业化中试基地、高层次人才培养基地，推动国家海洋科技创新平台体系的建立，满足合理性要求，使其充分发挥功能，增强自身竞争力，从而在国际中争取更高的地位，所有这一切都是为了实现国家的战略目标，与我国的国家利益密切相关。这些机构要充分发挥作用，立足自身，努力提高技术水平，为未来的发展提供动力。

建设海洋科技创新公共服务平台。海洋研究配套大装备在科学创新中至关重要，其包括诸多方面，从远洋考察船舶到深度潜水器等都需要建设，从而满足深海研究需要，在极地考察中也会发挥重要作用。除此之外应尽快制定海洋实时观测系统，确保其有效落实，完善建设计划，加强设备仪器的管理，从而满足研究需要，提高研究效率，更好地利用各方资源。加强海洋信息资源中心建设，完善各种共享平台，落实共享机制，从而更好地利用资源，改变已有的分散局面，突破封闭状态，加强整合，提高利用率。

三　增强产学研合作创新机制

海洋科技创新离不开海洋研究，成果转化至关重要，因而需要与企业相结合，采取合理方式，推动其进一步发展。产学研结合至关重要，这是创新的基础与源泉，能够有效利用各方资源，发挥各自优势，实现顺利衔接，使各环节都能够有效发挥作用，产生促进效果，推动科技创新，加快效率的提升，从而更好地实现成果转化，展现出市场价值。美国在此方面起步较早，经验较为丰富，该国注重海洋教育，大力发展海洋科研，同时又加大力度推广，实现成果转化，这些都可被我国所借鉴。我们必须要完善相关制度，调整协调机制，加强各部门通力合作，允许部门之间合并，充分发挥政府的作用，统筹安排，出台各项政策，鼓励企业进一步行动，发挥各科研院所的作用，使大专院校能够参与进来，加强海洋开发，促进科技发展，进一步推动产学研合作。产学研代表着不同的社会分工，从教育到科研再到生产都隶属于其中，这样能够更好地利用资源，在功能上加以完善，发挥协同作用，符合集成化特征。通过这种方式建立合作平台，使各方主体能够参与其中，充分发挥利益动力的作用，实现良性互动，促进其共同发展，从而带动海洋科技创新，产生正面效应。

四　完善海洋科研机构整合

我国有诸多海洋科研机构，力量较为分散，各自类别不同，如果对它们进行分类重组，就需要了解各自状况，立足自身特征，进行分类指导，在此过程中要坚持基础公益性。可以将技术开发类机构转变为科技型企业，它们本身优势明显，具有一定市场竞争力，可以提供较为成熟的科技成果，其产品在市场上可占据一定份额。如果是科研院所，主要从事的是科技服务，在管理上可以调整，实现企业运作，充分发挥科技人员的作用，采取多项措施产生激励效果，促进它们自主创业，成立高新技术企业，也可以参与其中，成为主要的技术力量。一些科研机构具有公益性，就需要得到政府支持，充分利用财政资金的作用，为其提供相关项目，同时要优化整合，满足市场需求，这样才能更好地发展。

科研机构整合需要紧随市场，根据其变化进行调整，同时参照相关专业学科建设，促进结构优化，指导未来科研方向。加强分工合作，科研机构和高校发挥自身技术优势，企业则是资本的主要来源，它们共同发挥作用，促进成果转化，加强海洋生产实践。政府统领全局，促进基础研究，尤其要关注关系重大的课题。应用型研究应以企业和民间力量为主，由其投资建设，能够满足市场要求，促进成果转换。

第四节　健全有效的市场竞争模式

一　健全和完善市场模式

完善的市场机制至关重要，是海洋科技发展必不可少的支持，能够充分发挥导向作用，促进生产要素合理配置，从而实现合理转换。市场机制不健全现象较为普遍，在一定程度上不利于海洋科技创新，导致其出现动力不足现象。许多国家对此进行尝试，经过多年发展积累了丰富经验，它们普遍认为市场机制可以发挥重要作用，引领科技开发方向，指导相关内容，产生激励效果，作用于开发主体，提高其能动性，从而更好地满足市场需求，对研发产生引领效应。市场激励作用不容忽视，必须对此不断强化，促进研发单位与企业相结合，从而在一定程度上推进海洋科技创新。从目前实践情况来看，许多民营企业已参与其中，活跃度相对较高，提示市场机制已发挥作用，产生推进效果，可以在此方面不断努力，从而促进海洋科技发展。

二　建立完善的市场交易模式

海洋科技创新只有满足市场需求才能日益进步。通过创新形成更多成果，其转化需要利用市场条件，只有满足要求才能够提升自身竞争力。创新不具备代替市场的功能，而需求是一切的核心，引领科技创新的方向。对于再次创新来说市场同样至关重要，可以为之提供新的机会，产生足够动力，帮助其进一步完成。科技创新成果需要在市场上进行转换，因此完善交易制度至关重要，这将有助于整合各要素，从而达到最佳效果。需要规范市场交易秩序，完善相关制度，从而有助于节约成本，满足市场交易需求。

三　构建市场竞争模式

目前垄断现象存在，必须加强制度建设，完善市场体系，打破现有局限，建立竞争机制，更好地开拓市场。建立合理市场结构，促进机制完善，针对不同市场差别对待，认识到其对海洋科技创新的作用，这样才能促进新的市场结构完善。加强市场行为制度建设，推进竞争机制，制定相关政策，使其充分发挥作用，这样才能够构建起竞争模式，产生激励效果，指导科技走向。

四　建设海洋科技市场

培育完善海洋科技市场，充分发挥其积极作用，产生激励效果。科技市场的拓展至关重要，其内容包含广泛，从产品开发到技术提升，从服务到信息咨询，从人才引进到技术培养都隶属于其中。需要完善市场交易机制，调整价格机制，有效控制交易风险，真正站在双方的角度进行调整，保护它们各自的利益，维护其合法权益。

加强海产品价格保护，完善相关机制，确保企业利益。加强服务平台建设，促进各方交流，畅通信息收集渠道，合理加以预测，发挥市场的作用，提高反馈功能。注重知识产权，完善相关法律，加强海洋技术市场的法制建设。

市场机制能够发挥重要作用，同时也要注重非市场机制，需要将二者有效结合，认识到海洋科研的特殊性，既要保证社会效益，同时也要关注自身效益，改变原有的低效率状态，充分发挥市场的作用，将各种机制结合起来，进行综合利用，使其作用充分体现出来。

第五节　加大海洋科技创新的投入

海洋创新对于国家的未来发展至关重要，是“海洋强国”基础所在，需要充分发挥国家力量，给予资金支持，加大投注，加强机构建设，实施海洋领域科技计划。要通过科研体制机制创新，调动各方面积极性，主动承担研发工作，到各项计划当中，争取国家专项经费支持。

海洋经济的发展与当地政府密切相关，只有提高其认识程度，加大投入，才能促进区域海洋经济发展，对区域海洋产业具有重要的作用。我国有漫长的海岸带，各区域经济发展程度不同，海洋资源各异，彼此之间具有明显差别，如何更好地促进区域海洋经济发展？当地政府往往起到重要作用。它们需要落实中央政策，真正将法律法规应用于海洋技术发展当中，在资金方面给予支持，建立稳定增长机制，确保海洋科技投入，使其呈现持续增长状态。海洋经济的发展可以带动地方经济进步，并且这种形式已日渐明显，对此要有充分认识，将海洋科学研究提上议事日程，充分认识到其重要性，同时也要考虑开发风险，需要在二者之间寻求平衡，立足于当地实际状况，确定合理的投入比例。其经济发展状况较好的地方，政府可建立专项资金，主要用于海洋创新，促进经济水平提升，加强成果转化，重视生态环境，加大保护力度。研发投入是技术创新的保障，需要不断加大力度，同时提高管理水平，合理评价效益，完善监督机制，确保经费能够有效利用，对经费的应用要进行全程跟踪，有效评价，建立绩效考评体系，完善追踪问效机制。

海洋企业是海洋技术创新的主体，在成果转化过程中起到重要作用，同时也是最终的受益者。政府要在其中发挥积极作用，充分利用财政优势，起到引领效果，鼓励企业加强投入，不断提高其比重，从而成为技术创新投入的主体。可以利用各项优惠政策，采取多项措施，提高创新投入，发挥各方面力量，如针对中小型企业，可以建立创新基金，给予重点支持，鼓励其自主创新，立足于市场需要，或许更多是海鲜产品。对于已经取得成果的研究中心要给予资金支持，加大优惠政策，通过这种方式不断鼓励其进行成果转换，政府部门还可以率先订购，给企业以更多支持。

第六节　培养多层次的海洋科技人才

一　加强海洋科技教育

海洋科技创新需要人才，科研人员的培养至关重要，是人才保障的基础，海洋科技教育在其中发挥关键性作用，从目前情况来看提升空间较大。国外在此方面起步较早，普遍重视人才培养，积累了丰富经验，可以为我国所借鉴。我们可以利用各级海洋实验室，加强专业建设，进行人才重点培养，同时参与相关课题研究，建立多个平台，促进人才流动，共享各方资源，为海洋科技创新提供支持。培养海洋科技人才首先需要从教育入手，职业教育往往是重要手段，通过这种方式获取技能型人才，为海洋产业发展做准备，要建立完善的高技能人才培养体系，海洋产业发展离不开高技能人才，因此必须立足于自身，以现实需要为依据，加强人才培养，扩大建设规模，做出正确引导，建立人才评价体系，根据实际评价结果确定工资福利收入，推荐其参加资格认证考试，充实高技能人才队伍，提升他们的国际竞争力。

海洋科技人才主要来源于以下几个方面：首先来自高校，利用目前教育资源培养相关人才；其次来自国外培养，可以利用出国留学等方式加强合作，充分发挥现有资源，利用他国机构为我国培养人才；科研机构也是人才的主要来源，企业同样在人才培养中发挥作用；对于现有的科技人才，可以通过培养和再教育使其有所提升，满足未来发展需求。

二　引进优秀海洋科技人才

科研人员在海洋科技创新中起到主要作用，他们的能动性发挥是创造的基础，创新能力是一切的源泉，因此要注重人才，尤其是高素质人才，可以通过引进人才的方式满足需要，建立完善的人才流动机制，实现人才培养工程。重视人才引进，采取各项措施给予支持，制造良好氛围，在最大限度上留住人才；加强人才储备，提高培养力度，吸引他们的关注，尤其是高级海洋科技人才必不可少；注意引进高学历人才，吸引高级职称人才，能够有效缓解目前局面，解决人才短缺问题。进一步完善收入分配机制，在现有的基础上进行调整，加强整合，充分利用各种教育资源，优化环境，吸引人才。制订定期培养计划，提高基层科技人员素质，加强知识储备，更新原有观念，促进其全面提升。打破原有的用人观念，吸引更多人才，努力留住人才，加强中青年人才培养，合理开发，做好后勤保障工作，增强其凝聚力。改善人才待遇，缩短各地区之间的差距。通过重大的建设项目吸引人才，留住人才，培养人才，有效利用人才，其中以培养为主，以引进为辅，从而提升自身实力，提高创新能力，获得业界顶尖人才，形成技术创新实力较强的人才群体。海洋科技的发展是为了满足自身需求，因此需要立足于战略目标，采取有效措施，发展海洋产业，建立技术研发队伍，给予政策支持，使其更好地发挥作用，在多个领域中显现成效，目前我国在这方面已加大力度，从矿产勘探到生物资源利用，从极端环境到新能源开发，紧跟世界前沿，未来将会有更好的前景。

要重视本地培养的海洋科技人才，与对待外地引进人才一样，尽量平等对待，确保其不受影响。政府要在其中发挥重要作用，合理把控，营造良好环境，促进人才到来。首先需要吸引人才，为他们提供发展机会，同时要留住人才，为海洋科技进步奠定基础。

三　塑造海洋科技创新优秀团队

紧密围绕国家海洋资源开发、生态和环境保护、前沿科学研究，依托各海洋知识创新载体项目及各种交流与合作项目，加强人才培养与引进，造就傲立于世界的领军人才。充分发挥领军人才的影响力，积极探索，勇于创新，在新模式上进行尝试，鼓励参与国际竞争，提高自身实力，建设高水平研究团队，为自身赢得更多机会，也会提高国家的整体水平。

管理人才同样不可或缺，他们需要具备决策能力，善于经营管理，能在市场中发挥自身作用，帮助企业提升创新能力，这就对人才培养提出更高要求，需要以能力培养为核心，以创新培养方式为依据，快速造就一批优秀的社会企业家。加大人才培养力度，鼓励各机构选派优秀人员出国学习，提高管理水平，加强队伍建设，提升综合素质。充分发挥科学家和管理科学家的作用，让他们担当重要职务，在管理部门发挥作用，从而更好地秉公办事，确保政策落实。

第七节　加速海洋科技创新成果转化

一　健全海洋科技成果转化的法律基础

海洋科技创新能够促进海洋经济高质量发展，而成果转化是实现这一目的的重要手段，也是其中的关键性环节，其重要性不言而喻。首先，可以借鉴发达国家经验，有效实行成果转化。发达国家起步较早，在成果转化方面经验丰富，可以为我国所用，制定相关法律法规，使其充分发挥作用，有效显示出创新的驱动力。虽然在20世纪末我国颁布了相关法律，但是疏漏之处难以避免，未来需要对此重视起来，不断补充完善，促进其充分发挥作用。其次，重视海洋知识产权，致力于领域内改革，改善利益分享机制，促进创新成果转化，实现其知识产权化。有效引领市场，运用知识产权对企业产生激励性的作用，使其能够发挥积极效果，促进这一环节完善，同时要提高科研人员热情，在制度上加以保障，在一定程度上也能促进成果转化，避免出现产权不清的情况。上述一系列手段都有助于海洋经济发展。最后，加强海洋科技创新，立足自身，有效实行成果转化，针对各种新情况要采取积极措施加以应对，制定法律法规解决新问题，完善法律体系，健全法规政策，为成果转化提供法律支持，最终实现海洋经济高质量发展。

二　强化市场需求性依托

我国每年有大量海洋科技创新成果，如果能够实现有效转化对于经济发展至关重要，因此提高转化率备受重视。纵观以往情况，许多成果被束之高阁，不能够被很好地利用，其作用很难发挥出来，对于这种情况需要加以重视，打破原有局面，满足市场要求。首先，需要在源头上入手，创新成果只有满足市场需要才能够实现有效转化，因此要以市场为导向，在此基础上开展创新活动，提升成果质量，促进成果转化，实现规模化产业化经营。需要立足自身，面向全球，以全球价值链高端为目标进行产业结构调整，带动其进一步前行。其次，企业要与市场相连接，加强消费者与生产部门的沟通，及时了解他们的需要，在此基础上进行调整，促进生产升级，带动产业升级，这样才能提高产品的市场份额，真正实现有效转化。再次，科技成果转化要以市场为导向，立足自身，面向消费者需求，不断进行调整，实现有效对接，寻找新途径和新方法，走市场化路径，形成多元化形式，促进企业生产与市场消费相结合，满足消费需求结构，从而占领市场，推动经济发展，促进其日益进步。

三　加快海洋科技成果转化平台建设

科技创新成果转化需要诸多条件，法律必不可少，市场是关键所在，同时也需要加强平台建设，与创新资源深度融合。从我国目前情况来看，如果要在未来实现创新成果的成功转化，就需要从多方面入手，依托高校和科研院所，有效进行技术创新，同时发挥企业作用，使各主体参与其中，共同建设，打造科技成果转化平台，确保与社会接轨。将供给与需求联系起来，进行有效对接，从而推动成果转化，使其成为现实生产力。海洋科技创新活动主体包括多方面，科研院所是其中的核心，各高校的力量不容忽视，同时企业发挥重要作用，它们相互结合，产生共同行为，最终完成市场化过程，实现成果的产业化。但就目前情况来看，低市场转化率较为普遍，提示成果的低质量和低产业化率，未来必须要打破现有局面，辩证看待这一问题，确保技术创新，同时发挥驱动作用，促进产品数量和质量的提升。其次，我国互联网信息技术发展较好，可以从这方面入手，充分利用信息化特征，结合前沿技术，打造平台，促进科技成果转化，提高其市场应用价值，体现出其商业价值。

第八节　加强海洋科技创新合作

一　拓展海洋科技创新国际合作空间

国际交流合作是增强自身创新能力的重要手段，可以提升在国际海洋科技领域的地位，同时也有助于改善其在海洋事务中的地位。充分发挥国际交流合作的作用，有效实施科技创新战略，促进海洋开发，使其在深度和广度方向上发展，加强多学科融合，拓展更多渠道，促进各国交流，加快融合性发展，使协作成为常态。可以充分利用政府之间的交流，使我国研发机构参与到国际项目当中，促进国内外机构的合作与交流，鼓励长期合作，与国外知名研究机构建立联系，充分利用自身资源，吸引这些机构的入驻，同时发挥国际中介机构的作用，这些都有助于海洋企业“走出去”，在海外建立基地，为自身发展创造条件。

二　加强海洋科技创新国内合作与交流

各部门要充分发挥作用，通力协作，产生协调效应，加强合作，建立相关机制，完善交流模式，通过各种方式促进社会机构“走出去”，与企业建立联系。充分发挥鼓励作用，促进各方主体深度合作，充分发挥科研院所的作用，使企业参与其中。立足于地方产业，满足现实需要，对各高校和院所提供支持。加强区域合作，开展跨地区交流，突破发展中的瓶颈，增强科技创新的辐射带动作用。

第九节　本章小结

本章结合前文的理论分析和实证检验结果，提出相应的海洋科技创新驱动海洋经济高质量发展策略：加强法制建设，调整整体布局、构建海洋科技研发机制、健全有效的市场竞争模式、加大海洋科技创新的投入、培养多层次的海洋科技人才、加速海洋科技创新成果转化和加强海洋科技创新合作。

第九章　结论与展望

本书基于海洋科技创新与海洋经济高质量发展现状的现实背景，综合运用多种现代计量方法数理模型，从理论与实证角度深入探讨了海洋科技创新驱动海洋经济高质量发展，一方面为科学评价海洋科技创新驱动海洋经济高质量发展绩效提供理论解释和现实依据；另一方面有助于我国充分调动和挖掘海洋科技创新驱动海洋经济高质量发展潜力，制定和优化海洋科技创新政策，完成最新的海洋经济高质量发展目标。本章总结全书实证分析所得出的主要结论，回答了绪论部分提出的一系列问题。最后展望未来，提出值得进一步研究的方向。

第一节　研究结论

（1）明确了我国海洋科技创新驱动海洋经济发展的现状和问题。分别阐述了海洋科技创新与海洋经济高质量发展的现状，并探析了阻碍海洋科技创新驱动海洋经济高质量发展的问题，有以下四个方面：海洋科技创新投入总量不足、海洋科技创新投入结构和配置不够合理、政府角色定位矛盾与行为偏离和海洋科技管理体制有待进一步完善。

（2）探究了海洋科技创新驱动海洋经济高质量发展的机理。首先分析了海洋科技创新的各个环节（基础研究环节、应用研究环节、开发研究与产业化环节）的关系以及驱动海洋经济高质量发展的机理。其次，基于宏观层面和微观层面不同的视角，对海洋科技创新驱动海洋经济高质量发展的机理进行分析。

（3）探析了海洋科技创新驱动海洋经济高质量发展各类影响因素。本书对于海洋科技创新驱动海洋经济高质量发展的影响因素进行了分析，通过门槛面板模型，考察了对外开放、政府投入、金融发展、人力资本、技术投入五大因素对海洋科技创新驱动海洋经济高质量发展。根据实证结果得出结论：各类外部影响因素，对于海洋科技创新的作用有着重要的促进或者制约作用。根据门槛特征的不同检验结果可以分为三类：一是存在一个显著门槛值的因素，包括对外开放和政府投入两个影响因素；二是存在双重门槛值的影响因素，包括金融发展和人力资本两个影响因素；三是不存在门槛值技术投入。检验结果表明，正是这些影响因素的共同作用，使海洋科技创新在不同的外部条件下，对海洋经济高质量发展的作用力存在差异。这些结论也为制定和实施更为精确的海洋科技战略与政策提供了经验证据。

（4）通过构建海洋科技创新驱动海洋经济高质量发展的新古典增长模型可知，海洋科技发展与海洋经济高质量发展在整体上呈现显著正相关，各投入变量对经济发展均表现出推动作用，但作用程度存在一定差异，其中政府投入与海洋科技创新对海洋经济高质量发展的推动作用最为突出，而人力资本的共享程度最弱，反映出目前我国海洋经济正处在科技逐步代替劳动力阶段，符合我国海洋科技与海洋经济发展规律。基于对“环渤海经济区”“长三角经济区”“珠三角经济区”增长模型分析可知，目前各海洋经济区科技对经济发展的推进作用较为明显，各投入变量对区域海洋经济高质量发展推动作用存在差异。反映出各经济区在提升海洋科技创新能力，推动海洋经济高质量发展的过程中，充分考量自身区域特点，有针对性地对不同海洋产业类型进行有效的资源配置。

（5）海洋科技创新驱动海洋经济高质量发展存在明显的空间依赖性，邻近省海洋科技创新推动本省海洋经济高质量发展，且2006

年以来其空间联动效应稳定发展。本省的海洋科技创新、金融发展、人力资本、对外开放、政府投入和技术投入明显促进本省海洋经济高质量发展。海洋科技创新、金融发展、对外开放和政府投入对邻省海洋经济高质量发展产生显著的正向空间溢出效应。海洋科技创新、金融发展、对外开放和政府投入促进所有省份海洋经济高质量发展。人力资本、对外开放对本省海洋经济高质量发展的作用显著，但通过“资源截流效应”对邻省海洋经济高质量发展产生显著负向作用。

（6）海洋科技创新驱动海洋经济高质量发展效果存在较大提升和优化空间。我国沿海 11 个省区市海洋科技创新驱动海洋经济高质量发展的 2006 年、2010 年和 2015 年综合效率均值分别为 0. 483、0. 563、0. 369，我国沿海 11 个省区市海洋科技创新驱动海洋经济高质量发展效率偏低，远未达到最优水平，亟待采取措施改进。其中，剥离了环境和误差因素的海洋科技创新驱动海洋经济高质量发展的 2006 年、2010 年和 2015 年规模效率均值分别为 0. 824、0. 865 和 0. 807，海洋科技创新驱动海洋经济高质量发展的 2006 年、2010 年和 2015 年纯技术效率值分别为 0. 550、0. 622 和 0. 436，规模效率大于纯技术效率。这意味着造成沿海十一省区市海洋科技创新驱动海洋经济高质量发展效率低下的主要原因是技术效率低下而非规模效率低下，说明海洋科技创新投入的资源配置和管理水平，较海洋科技创新投入规模对海洋经济高质量发展影响更大。

（7）分析总结了我国海洋科技创新驱动海洋经济高质量发展的优化措施。在借鉴国内外经验的基础上，提出了海洋科技创新驱动海洋经济高质量发展的具体措施：完善海洋科技创新法律法规、调整海洋科技整体布局、构建海洋科技研发机制、健全有效的市场竞争模式、加大海洋科技创新的投入、培养多层次的海洋科技人才、加快海洋科技创新成果转化和加强海洋科技创新合作。

第二节　研究展望

本书初步建立了海洋科技创新驱动海洋经济高质量发展的分析框架，通过机理研究和实证检验，对沿海 11 个省区市的海洋科技创新驱动海洋经济高质量发展进行研究，在此基础上对我国海洋科技创新政策以及海洋经济高质量发展政策提出了相应的政策建议。然而，海洋科技创新驱动海洋经济高质量发展是一个复杂的动态过程，由于时间和水平有限，本书还存在一定的局限性，有待今后进一步研究和思考。

参考文献

［德］马克思：《资本论》，上海三联书店 2009 年版。

［德］马克思、恩格斯：《共产党宣言》（英文版），外语教学与研究出版社 1998 年版。

艾万铸、陈瑛、杨娜：《中国海洋经济前景分析》，《海洋信息》2007 年第 2 期。

陈耿、刘星、辛清泉：《信贷歧视、金融发展与民营企业银行借款期限结构》，《会计研究》2015 年第 4 期。

陈国亮：《海洋产业协同集聚形成机制与空间外溢效应》，《经济地理》2015 年第 7 期。

陈强：《高级计量经济学及 Stata 应用（第二版）》，高等教育出版社 2014 年版。

程娜：《基于 DEA 方法的我国海洋第二产业效率研究》，《财经问题研究》2012 年第 6 期。

陈万灵：《海洋经济学理论体系的探讨》，《海洋开发与管理》2001 年第 3 期。

崔旺来、周达军、汪立、刘国军、朱婧：《浙江省海洋科技支撑力分析与评价》，《中国软科学》2011 年第 2 期。

戴彬、金刚、韩明芳：《中国沿海地区海洋科技全要素生产率时空格局演变及影响因素》，《地理研究》2015 年第 2 期。

［美］戴维·罗默：《高级宏观经济学》，王根蓓译．上海财经大学出版社 2014 年版。

董利红、严太华：《技术投入、对外开放程度与“资源诅咒”：

从中国省际面板数据看贸易条件》，《国际贸易问题》2015 年第 9 期。

董杨：《海洋经济对我国沿海地区经济发展的带动效应评价研究》，《宏观经济研究》2016 年第 11 期。

狄乾斌、梁倩颖：《中国海洋生态效率时空分异及其与海洋产业结构响应关系识别》，《地理科学》2018 年第 10 期。

丁黎黎、朱琳、何广顺：《中国海洋经济绿色全要素生产率测度及影响因素》，《中国科技论坛》2015 年第 2 期。

樊杰、刘汉初：《“十三五”时期科技创新驱动对我国区域发展格局变化的影响与适应》，《经济地理》2016 年第 1 期。

封颖、徐峰、许端阳、杜红亮、张翼燕：《新兴经济体中长期科技创新政策研究——以印度为例》，《中国软科学》2014 年第 9 期。

盖美、朱静敏、孙才志、孙康：《中国沿海地区海洋经济效率时空演化及影响因素分析》，《资源科学》2018 年第 10 期。

郭宝贵、刘兆征：《我国海洋经济科技创新的思考》，《宏观经济管理》2012 年第 5 期。

郭金龙、王宏伟：《中国区域间资本流动与区域经济差距研究》，《管理世界》2003 年第 7 期。

韩立民、卢宁：《关于海陆一体化的理论思考》，《太平洋学报》2007 年第 8 期。

胡伟、韩增林、葛岳静、胡渊、张耀光、彭飞：《基于能值的中国海洋生态经济系统发展效率》，《经济地理》2018 年第 8 期。

黄建欢、吕海龙、王良健：《金融发展影响区域绿色发展的机理——基于生态效率和空间计量的研究》，《地理研究》2014 年第 3 期。

黄英明、支大林：《南海地区海洋产业高质量发展研究——基于海陆经济一体化视角》，《当代经济研究》2018 年第 9 期。

蒋铁民：《中国海洋区域经济研究》，海洋出版社 1990 年版。

姜秉国、韩立民：《海洋战略性新兴产业的概念内涵与发展趋势分析》，《太平洋学报》2011 年第 5 期。

姜旭朝、张继华、林强：《蓝色经济研究动态》，《山东社会科学》2010 年第 1 期。

景维民、张璐：《环境管制、对外开放与中国工业的绿色技术进步》，《经济研究》2014 年第 9 期。

赖明勇、许和连、包群：《出口贸易与经济增长》，上海三联书店 1995 年版。

李彬：《资源与环境视角下的我国区域海洋经济发展比较研究》，博士学位论文，中国海洋大学，2011 年。

李大海、翟璐、刘康、韩立民：《以海洋新旧动能转换推动海洋经济高质量发展研究——以山东省青岛市为例》，《海洋经济》2018 年第 3 期。

李宏：《海洋经济高质量发展的路径选择》，《山东广播电视大学学报》2018 年第 3 期。

梁庆寅：《珠三角区域发展报告》，中国人民大学出版社 2012 年版。

刘苍劲：《知识经济的核心是科技创新——兼论我国发展知识经济的几个重要问题》，《湖南商学院学报》1999 年第 6 卷第 5 期。

刘东民、何帆、张春宇、伍桂、冯维江：《海洋金融发展与中国的海洋经济战略》，《国际经济评论》2015 年第 5 期。

刘曙光、姜旭朝：《中国海洋经济研究 30 年：回顾与展望》，《中国工业经济》2008 年第 11 期。

路璐、盛宇华、曲国明、董洪超：《涉海企业科技创新投入对企业价值的双门槛效应》，《资源科学》2018 年第 10 期。

鹿守本：《海洋管理通论》，海洋出版社 1997 年版。

马仁锋、王腾飞、吴丹丹：《长江三角洲地区海洋科技——海洋经济协调度测量与优化路径》，《浙江社会科学》2017 年第 3 期。

马志荣：《我国实施海洋科技创新战略面临的机遇、问题与对策》,《科技管理研究》2008 年第 6 期。

庞瑞芝、范玉、李扬:《中国科技创新支撑经济发展了吗?》,《数量经济技术经济研究》2014 年第 10 期。

彭岩:《促进我国海洋技术创新的途径与措施》,《海洋技术》2005 年第 2 期。

全国科学技术名词审定委员会:《海洋科技名词》,科学出版社 2007 年版。

乔俊果、朱坚真:《政府海洋科技投入与海洋经济增长:基于面板数据的实证研究》,《科技管理研究》2012 年第 3 期。

权锡鉴:《海洋经济学初探》,《东岳论丛》1986 年第 4 期。

沈满洪、李建琴:《经济可持续发展的科技创新》,中国环境科学出版社 2002 年版。

史清琪、尚勇:《中国产业技术创新能力研究》,中国轻工业出版社 2000 年版。

盛宇华、徐英超:《技术投入惯性与企业绩效——以上市制造企业为例》,《科技进步与对策》2018 年第 18 期。

孙斌、徐质斌:《海洋经济学》,山东教育出版社 2004 年版。

孙才志、郭可蒙、邹玮:《中国区域海洋经济与海洋科技之间的协同与响应关系研究》,《资源科学》2017 年第 11 期。

孙洪:《发展海洋高技术促进海洋高技术产业发展》,《高科技与产业化》2001 年第 1 期。

孙康、张超、刘峻峰:《金融集聚提升了海洋经济技术效率吗?——基于 IV - 2SLS 和门槛回归的实证研究》,《资源开发与市场》2017 年第 5 期。

孙永强、万玉琳:《金融发展、对外开放与城乡居民收入差距——基于 1978 ~ 2008 年省际面板数据的实证分析》,《金融研究》2011 年第 1 期。

唐杰、杨沿平、周文杰:《中国汽车产业自主创新战略》,科学出版社 2009 年版。

乔翔：《中西方海洋经济理论研究的比较分析》，《中州学刊》2007 年第 6 期。

万勇：《区域技术创新与经济增长研究》，经济科学出版社 2011 年版。

王波、韩立民：《中国海洋产业结构变动对海洋经济增长的影响——基于沿海 11 省市的面板门槛效应回归分析》，《资源科学》2017 年第 6 期。

王艾敏：《海洋科技与海洋经济协调互动机制研究》，《中国软科学》2016 年第 8 期。

王希军：《我国沿海省市国家海洋战略比较研究》，山东人民出版社 2014 年版。

王业斌：《政府投入与金融信贷的技术创新效应比较——基于高技术产业的实证研究》，《财经论丛》2013 年第 3 期。

王珏帅：《我国各省份对外开放与经济增长关系的门槛效应研究》，《当代经济科学》2018 年第 1 期。

王泽宇、卢雪凤、孙才志、韩增林、董晓菲：《中国海洋经济重心演变及影响因素》，《经济地理》2017 年第 5 期。

吴克勤：《海洋资源经济学及其发展》，《海洋信息》1994 年第 2 期。

吴淑娟、罗少玉、肖健华：《中国海洋经济绿色效率的测量及其影响因素》，《工业技术经济》2015 年第 11 期。

武一：《中国南海海域经济影响评估》，经济科学出版社 2013 年版。

伍业锋：《中国海洋经济区域竞争力测度指标体系研究》，《统计研究》2014 年第 11 期。

［美］西蒙·库兹涅茨：《各国的经济增长》，常勋等译，商务印书馆 1985 年版。

［美］小罗伯特·E. 卢卡斯：《经济周期模型》，姚志勇、鲁刚译，中国人民大学出版社 2013 年版。

谢杰、李鹏：《中国海洋经济增长时空特征与地理集聚驱动因素》，《经济地理》2017 年第 7 期。

谢子远：《沿海省市海洋科技创新水平差异及其对海洋经济发展的影响》，《科学管理研究》2014 年第 4 期。

谢子远、鞠芳辉、孙华平：《我国海洋科技创新效率影响因素研究》，《科学管理研究》2012 年第 6 期。

徐冠华：《关于建设创新型国家的几个重要问题》，《中国软科学》2006 年第 10 期。

徐质斌：《构架海陆一体化社会生产的经济动因研究》，《太平洋学报》2010 年第 18 期。

［英］亚当·斯密：《国富论》，谢宗林译，中央编译出版社 2010 年版。

杨金森：《中国海洋经济研究》，海洋出版社 1984 年版。

杨小凯：《发展经济学——超边际与边际分析》，张定胜、张永生译，社会科学文献出版社 2003 年版。

杨友才：《金融发展与经济增长——基于我国金融发展门槛变量的分析》，《金融研究》2014 年第 2 期。

易信、刘凤良：《金融发展、技术创新与产业结构转型——多部门内生增长理论分析框架》，《管理世界》2015 年第 10 期。

殷克东：《中国沿海地区海洋强省（市）综合实力评估》，人民出版社 2013 年版。

于惊涛、杨大力：《政府投入、经济自由度与创新效率：来自 24 个领先国家的实证经验》，《中国软科学》2018 年第 7 期。

于梦璇、安平：《海洋产业结构调整与海洋经济增长——生产要素投入贡献率的再测算》，《太平洋学报》2016 年第 5 期。

于文金：《中国南海蓝色经济区的构建与探讨》，南京大学出版社 2015 年版。

［美］约瑟夫·熊彼特：《经济发展理论》，商务印书馆 1998 年版。

［美］约瑟夫·熊彼特：《经济发展理论》，何畏、易家详等译，商务印书馆 2020 年版。

［美］约瑟夫·熊彼特：《增长财富论——创新发展理论》，李默译，陕西师范大学出版社 2007 年版。

张继良、高志霞、杨荣：《我国沿海地区海洋经济增长水平及效率研究》，《调研世界》2013 年第 5 期。

赵昕、彭勇、丁黎黎：《中国沿海地区海洋经济效率的空间格局及影响因素分析》，《云南师范大学学报》（哲学社会科学版）2016 年第 5 期。

詹长根：《沿海地区海洋经济效率及驱动机理研究》，《工业技术经济》2016 年第 7 期。

张成思、朱越腾、芦哲：《对外开放对金融发展的抑制效应之谜》，《金融研究》2013 年第 6 期。

张德贤：《海洋经济可持续发展理论研究》，青岛海洋大学出版社 2010 年版。

张国富：《论技术进步与经济增长》，《北京大学学报》（哲学社会科学版）1997 年第 3 期。

张新勤：《国际海洋科技合作模式与创新研究》，《科学管理研究》2018 年第 2 期。

张耀光：《海洋经济地理研究与其在我国的进展》，《经济地理》1988 年第 2 期。

张玉喜、赵丽丽：《中国科技金融投入对科技创新的作用效果——基于静态和动态面板数据模型的实证研究》，《科学学研究》2015 年第 2 期。

翟仁祥：《海洋科技投入与海洋经济：中国沿海地区面板数据实证研究》，《数学的实践与认识》2014 年第 4 期。

湛泳、李珊：《金融发展、科技创新与智慧城市建设——基于信息化发展视角的分析》，《财经研究》2016 年第 2 期。

周秋麟、周通：《国外海洋经济研究进展》，《海洋经济》2011

年第 1 期。

朱坚真：《海洋经济学》，高等教育出版社 2010 年版。

朱坚真：《南海综合开发与海洋经济强省建设》，经济科学出版社 2012 年版。

左大培、杨春学：《经济增长理论模型的内生化历程》，中国经济出版社 2007 年版。

Andersson J. , "The Critical Role of Informed Political Direction for Advancing Technology: The Case of Swedish Marine Energy", *Energy Policy*, Vol. 101, 2017, pp. 52 – 64.

Arrow, Kenneth, "The Implications of Learning by Doing", *Review of Economic Studies*, Vol. 29, 1962, pp. 155 – 173.

Basurko, O. C. , Mesbahi, E. , "Methodology for the Sustainability Assessment of Marine Technologies", *Journal of Cleaner Production*, Vol. 68, 2014, pp. 155 – 164.

Chames, A. , Cooper, W. W. , Rhodes, E. , "Measuring the Efficiency of Decision Making Units", *European Journal of Opera Tional Research*, Vol. 6, 1987, pp. 429 – 444.

Colgan, Charles S. , "Grading the Maine Economy", *Occupational Medicine*, Vol. 3, No. 3, 1991, pp. 55 – 62.

Colgan, C. S. , "The Ocean Economy of the United States: Measurement, Distribution & Trends", *Ocean & Coastal Management*, Vol. 71, 2013, pp. 334 – 343.

Cookp, "Hans – Joachim Braczyk Hjand Heidenreich", *Regional Innovation System: The Role of Governancein the Globalized World*, London: UCL Press, 1996.

Gerard George, "Ganesh Prabhu. Developemental Financial Institutions as Technology Policy Instruments: Implications for Innovation and Entrepreneurship in Emerging Economics", *Research Policy*, Vol. 32, 2003, pp. 89 – 108.

Germond B. , "The Geopolitical Dimension of Maritime Security", *Marine Policy*, Vol. 54, 2015, pp. 137 – 142.

Hong, S. Y. , "Marine Policy in the Republic of Korea", *Marine Policy*, Vol. 19, No. 2, 1995, pp. 97 – 113.

Hyytinena, Ari, " Otto Toivanenl. Do Finacial Constraints Hold Back Innovation and Growth: Evidence the Role of Public Policy", *Research Policy*, Vol. 34, 2005, pp. 1385 – 1403.

Ihara, R. , "Factor Distribution, Capital Intensity and Spatial Agglomeration", *Annals of Science*, Vol. 39, 2006, pp. 107 – 120.

Kuznets, Simon, *Modern Economic Growth*, Yale University Press, 1966.

List, F. , *The National System of Political Economy*, London Longm Press, 1904.

Lucas, Robert E. , "Mechanics of Enonomic Development", *Journal of Monetary Economics*, Vol. 22, 1988, pp. 3 – 42.

Mcllgorm, Alistair, "What Can Measuring the Marine Economies of Southeast Asia Tell Us in Times of Economic and Environmental Change?", *Tropical Coasts*, Vol. 16, No. 1, 2009, pp. 40 – 49.

Meeusen, W. , Van den Broeck, J. , "Efficiency Estimation from Cobb – Douglas Production Function with Composed Error", *International Economic Review*, Vol. 18, No. 2, 1977, pp. 435 – 444.

Pontecorvo, G. , Wilkinson, M. , et al. "Contribution of the Ocean Sector to the U. S. Economy", Romer, " Pincreasing Technical Change", *Journal of Political Economy*, Vol. 94, 1986, pp. 1002 – 1037.

Schumpeter, *The Theory of Economy Development*, Harvard University Press, 1912.

Ssolow, Robert, M. , *Growth Theory: An Exposition*, Clarendon Press, 1970.

Shaw, E. S. , *Financial Deepening in Economics Development*, New York, Oxford University Press.

Shields. Y. , J. O' Connor, "Implementing Integrated Oceans Management: Australia South East Regional Marine Plan and Canada's Eastern Scotia Shelfintegrated Management Initiative", *Marine Policy*, Vol. 5, 2005, pp. 391 -405.

Solow, R. M. , "Technical Change and the Aggregate Production Function", *The Review of Economics and Statistics*, Vol. 3, No. 39, pp. 312 -320.

Stulz, R. M. , "Financial Structure, Corporate Finance and Economic Growth", *International Review of Finance*, Vol. 1, No. 1, 2000, pp. 11 -38.

Torres, H. , Muller - Karger, F. , Keys, D. , "Whither the US National Ocean Policy Implementation Plan?", *Marine Policy*, Vol. 53, 2015, pp. 198 -212.